# 불편한 사실

앨 고어가 몰랐던 지구의 기후과학

그레고리 라이트스톤 지음

박석순 옮김

# Inconvenient Facts
The science that Al Gore doesn't want you to know

# 불편한 사실
앨 고어가 몰랐던 지구의 기후과학

그레고리 라이트스톤 지음

박석순 옮김

어문학사

# 차례

## 제3부 가공의 기후 대재앙 ··· 113

# 세상을 바꿀 수 있는
# 한 권의 책

〈피노키오 앨 고어〉

45.5 X 37.9 cm
Oil Color on Canvas, 2021. 04

**The cause of global warming is Al Gore's mouth**

서양화가 임봉규 화백(전 신라대 교수) 作

# 기후 대재앙은 오지 않는다

대부분의 환경전문가들은 지구온난화가 지금 우리 시대에 일어나고 있는 가장 심각하고 해결하기 어려운 환경문제로 알고 있다. 나 역시 지난 1990년대부터 발간되는 IPCC(기후변화에 관한 정부 간 협의체) 보고서들의 내용을 주목해 오면서 그렇게 생각하고 있었다. 특히 2009년에는 대통령 직속 녹색성장위원으로 활동하면서 '저탄소 녹색성장'이 우리가 가야 할 시대적 사명이라 생각하고 강의, 언론, 저서 등에서 강조해 왔다. 또 2012년에는 브라질 리우데자네이루에서 개최된 유엔환경정상회의(리우+20)에 국립환경과학원 원장 자격으로 참석하여 유엔의 기후변화 대책과 행사를 직접 체험하기도 했다.

저탄소 녹색성장에 남다른 신념을 가지면서도 한편으로는 기후 회의론자들의 주장에도 호기심이 많았다. 그래서 2008년에는 당시 국내에서 출간된 두 대표적 기후변화에 대한 회의적 역서(로이 스펜서의 『기후 커넥션: 지구온난화에 관한 어느 기후과학자의 불편한 고백』과 비외른 롬보르의 『쿨잇: 회의적 환경주의자의 지구온난화 충격 보고』)를 읽고 나름대로 합리적인 주장이라 생각했다. 하지만 책의 내용이 당시 기후 위기론에 빠져 있던 나를 설득하기에는 미흡했던 것 같았다.

내가 기후 위기론에 의구심을 가지기 시작한 것은 2018년경이다. 지난 2017년부터 진행해오던 유튜브 방송 '펜앤드마이크의 진짜 환경 이야기'에서 2018년 1월 한반도를 엄습한 극심한 한파를 겪으면서 기후변화에 관한 내용을 다루게 된 것이 계기였다. 지금도 유튜브에서 볼 수 있는 '인류 역사 3대 잘못된 예측과 기후변화', '웃지 못할 기후 사기극과 부끄러운 종말', '기후변화 진실 게임, 해킹과 내부 고발', '지구온난화도 환경사기인가' 등이다.

이 유튜브 영상에서 2010년에 전 세계 언론의 주목을 받았던 IPCC 4차 보고서의 '히말라야 빙하 게이트(Himalayan Glaciers Gate)'와 2009년, 2011년, 2017년에 연이어 발생한 '기후 게이트(Climate Gate)'를 정리하면서 그동안 몰랐던 새로운 사실을 알게 됐다. 1990년 IPCC 1차 보고서에 있었던 중세 온난기(Medieval Warm Period)가 2001년 IPCC 3차 보고서에는 사라지고 하키 스틱 그래프(Hockey Stick Graph)로 재탄생하게 된 경위와 1998년부터 18년 동안 위성 관측에서 기온 상승이 나타나지 않았던 NOAA(미국 해양기상청) 자료를 2015년 파리 기후변화협약을 앞두고 조작했던 것이 이메일 해킹과 내부 고발로 언론에 공개된 사실을 확인하면서 나는 이들의 소행에 참을 수 없는 분노를 느꼈다. 또 위성 관측에서 더 이상 기온 상승이 나타나지 않자 지구온난화(Global Warming)가 2005년경 갑자기 기후변화(Climate Change)라는 용어로 바뀌게 된 것도 이해하기 어려웠다.

지난해부터 전 세계적인 코로나로 인한 경제 봉쇄(Lockdown)

로 화석연료 온실가스 배출이 최고 15%나 감소했지만 하와이 마우나로아(Mauna Loa)에서 관측되는 이산화탄소 농도는 아무런 반응도 없이 계속 증가하고 있으며, 태양 활동이 감소하는 시기(에디극소기, Eddy Minimum)가 지난 2014년에 시작되어 2042년을 정점으로 현재 진행되고 있다는 예측과 지구는 이미 소빙하기에 접어들었다는 관련 논문들을 접하게 되면서 의구심은 더욱 커졌다. 이러한 과정을 거치면서 나는 이 주제에 관한 좀 더 깊이 있는 학습의 필요성을 느끼게 되었고 관련 해외 문헌을 조사하기 시작했다.

조사하면서 놀랐던 점은 지난 2006년 전 세계에 기후 위기론 공포를 불러온 앨 고어(Al Gore)의 저서 『불편한 진실(Inconvenient Truth)』이 나온 이후 지금까지 이를 반박하는 수많은 기후 회의주의 책들이 출간되었다는 사실이다. 수많은 책이 하나같이 기후변화는 주원인이 자연현상이며 정치적으로 과장되고 왜곡되었음을 주장하고 있었다. 주목할 점은 이 책들은 모두 관련 분야를 오랜 기간 연구해 온 과학자들이 저술했다는 사실이다. 지금까지 나온 주요 기후변화에 대한 회의론적 책들은 이 책의 끝부분에 부록으로 정리해두었다. 또 이 책에서도 기술한 바와 같이 지금까지 알려진 '과학자 97% 합의'는 조작된 것이며, 미국에서 과학자 31,000명이 인간에 의한 기후변화를 부정하면서 정부가 기후협약에 비준하지 말 것을 촉구하는 오리건 청원(Oregon Petition, www.petitionproject.com)을 올렸다는 사실도 충격적이었다.

해외에서는 기후과학자들이 인간에 의한 기후변화를 반박하는 책을 이렇게 많이 출간했는데 국내에서는 아무도 없었다는 사실이 신기할 따름이었다. 국내 학자들은 그동안 주목받지 못했던 자신들의 연구 분야가 사회적 이슈가 되고 관련 연구비가 넘쳐나는 것을 즐기면서 표정 관리나 하고 있다는 느낌이 들었다. 그래서 나 자신이 좋은 해외 저서를 번역하여 국내에 소개하고 싶었다. 비록 기후과학 전문가는 아니지만 이것이 나에게 주어진 또 다른 시대적 사명이라 생각했다.

지금까지 나온 수많은 저서 가운데 내가 이 책을 고른 이유는 검증된 과학적 자료를 다양한 그림과 간결한 내용으로 정리하여 일반인도 쉽게 이해할 수 있도록 저술했기 때문이다. 또 이 책은 2017년 출간된 후 지금까지 미국 최고의 중고등학교 기후변화 토론 참고서로 활용되면서 아마존 베스트셀러가 되었고 수많은 찬사와 높은 평점을 받고 있다는 것도 선택 이유 중 하나였다. 이 책은 모든 생명의 기본이 되는 이산화탄소를 지구 종말을 부르는 기후 재앙의 원인으로 만들기 위해 기후 위기론자들이 어떤 과학적 잘못을 범했는지 누구나 알기 쉽게 그려내고 있다.

이 책은 그래픽 위주의 시각적 표현, 일목요연한 요약문, 스마트폰 앱을 통한 자료 제공이라는 독특한 시도를 통해 방대하고 과학적인 지구의 기후변화를 일반인이 쉽고 빠르게 이해할 수 있도록 했다. 독자들은 각 장의 마지막에 정리해둔 요약문을 먼저 읽으면 전체 내용을 파악하는데 도움이 될 것이다. 스마트폰 앱은 책의 주요 그래프, 최신 기후변화 자료 등을 제공하고 있으며, Google Play 또는 App Store에 들어가 Inconvenient App을 다운받으면 된다. 또 유튜브 채널 'Inconvenient Facts'에서 저자의 활동을 시청할 수 있다.

내가 이 책을 번역하게 된 배경에는 "부강한 나라, 자유민주주의 시장경제가 환경을 지킨다" 그리고 "진실에 깨어있는 자만이 소중한 환경을 지킨다"라는 나만의 독특한 환경 철학도 들어있다. 에너지와 자원을 절약하고 자연 생태계에 가해지는 환경 부담을 줄여 지구와 인류의 지속 가능한 미래를 위하는 일에는 누구나 동참하려고 할 것이다. 하지만 지구에서 일어나는 과학적 사실을 외면하고 이산화탄소를 기후 대재앙의 원인으로 악마화하여 탄소세를 부과하고 인류의 삶의 질을 결정하는 에너지 정책을 정치적 상업적 목적에 따라 왜곡하고 자유민주주의 시장경제를 사회주의 통제경제로 몰아가려는 어설픈 시도에는 함께할 수 없다.

내가 이 책의 주장을 신뢰하는 이유는 여기에 기술된 사실들이 지금까지 권위 있는 학술지에 게재된 검증된 논문을 바탕으로 하기 때문이다. 번역을 끝낼 무렵 해외 저명한 학자들의 여러 유튜브 강의를 공부하고 내용을 더욱 확신할 수 있었다. 특히 그린피스 공동 설립자 패트릭 무어(Patrick Moore) 박사를 비롯한 주요 회의론자들의 과학적 확신에 찬 강의는 나에게 큰 힘이 되었다. 또 기후과학의 진실을 알리기 위해 투쟁하는 미국 앨라배마대학교 로이 스펜스 교수의 웹사이트(www.drroyspencer.com), 이산화탄소연맹($CO_2$ Coalition, www.co2coalition.org), 하트랜드연구소(Heartland Institute, www.heartland.org) 등에 계속 올리는 많은 자료도 큰 도움이 되었다.

이 책을 번역하면서 나의 뇌리를 맴돌았던 생각은 지난 1970년대 선진 지식 사회를 휩쓸었던 환경 비관주의(Eco-Pessimism)가 1990년대에 와서 조용히 사라진 20세기 환경사였다. 폴 에를리히(Paul Ehrlich), 레스터 브라운(Lester Brown), 로마클럽(Roman Club)

등이 인구 급증, 식량 부족, 자원 고갈, 환경 오염과 파괴 등을 이유로 인류 대재앙이 임박했다고 공언하고 공포감을 불러일으켰지만, 결과는 반대였다. 이 책은 지금의 기후 대재앙 역시 새로운 환경 비관론자들의 종말증후군(Apocalyptic Syndrome)에 불과하고 "기후 대재앙은 오지 않는다"라는 믿음을 나에게 심어주었다. 이 책을 통해 내가 내린 결론은 세계적인 기후과학자인 미국 MIT 공대 리처드 린젠(Richard Lindzen) 교수가 말한 "인간이 기후에 미치는 영향은 하찮은 사실이며 수치로는 무의미하다(영어 원문 115쪽 참조)"라는 한 문장으로 표현할 수 있을 것 같다.

끝으로 이 역서가 나오기까지 도움을 주신 분들께 감사의 뜻을 표한다. 먼저 훌륭한 책을 저술한 그레고리 라이트스톤 이산화탄소연맹 회장과 나의 저술 활동을 항상 흔쾌히 지원해 주시는 윤석전 사장님께 깊은 감사를 드린다. 또 주옥같은 명언과 함께 사진 사용을 허락해주신 크리스토퍼 몽크톤 자작님과 리처드 린젠 교수님, 그리고 '펜앤드마이크 진짜 환경이야기'를 즐겨 시청해주시고 책의 내용을 한 편의 그림으로 함축해주신 임봉규 화백님께 특별한 감사를 드린다. 아울러 좋은 책을 만들기 위해 열정을 다하는 어문학사 편집부와 원고 정리를 도와준 대학원생 김유흔, 그리고 나를 항상 행복한 번역에 몰두할 수 있게 해주는 분께도 고마움을 전한다. 모쪼록 이 책이 국내에 널리 보급되어 모든 국민이 "기후 대재앙은 오지 않는다"라는 과학적 사실에 동참할 수 있길 바란다.

2021년 4월
신촌 이화동산 신공학관 560호에서
박 석 순

# 추천사

## 진리는 위대하고 전지전능하다 - 기후과학에서도

　　로마의 시인 베르길리우스는 과학자에 대해 이렇게 적었다. "사물의 근원을 찾는 자는 행복하여라(Felix qui potuit rerum cognoscere causas)." 과학은 원래 서양에서는 지혜의 본성에 대한 사랑을 의미하는 자연 철학(Philosophia Naturalis)으로 알려져 있다. 이는 자연에서 찾는 지혜에 대한 사랑으로 표현될 수도 있다. 이라크의 수학자이자 경험주의자인 이븐 알하이삼(al-Haytham)은 과학자를 '진리를 추구하는 자'라고 아름답게 묘사했다. 그리고 그는 과학자의 고귀한 철학적 사명은 자연에서 무엇이 그러하고 왜 그러한지를 알아내고, 그리스 철학자 아낙시만드로스(Anaximander)의 질문(무엇인 것과 무엇이 아닌 것을 어떻게 구별하는가?)에 답하는 것이라고 했다.

　　그렇다면 과학자들이 노력하여 얻고자 하는 목표와 종교인들이 추구하는 진리를 가려내는 것은 정확히 일치한다. 예수 그리스도는 역사적으로 가장 유명한 공개적인 여론조작 재판에서 성공하지는 못했지만 궁극적으로는 승리한 피고인이 되었다. 그는 자신의 사명을 다음과 같이 선포했다: "나는 이것 때문에 태어났고, 이를 위해 내가 세상에 왔다. 그래서 나는 진리를 증명해야 한다." 이 한 문장에 자연사랑 철학을 가진 모든 과학자가 자신의 것으로 받아들여야 할 고귀한 사명이 표현되어 있다. 하지만 아주 많은 기후과학자가 이 고귀한 사명을 포기했다. 그들은 과학 자체의 명성에 커다란 대가를 치르면서 그렇게 해왔다.

이 유명한 재판에서 본디오 빌라도(Pontius Pilate)가 피고인에게 한 말은 모든 과학의 진정한 숙제로 남아 있는 "진실은 무엇인가?"라는 위대한 질문이었다. 빌라도는 자기 바로 앞에 그 질문에 답해줄 수 있는 위대한 인물이 있었지만 어리석게도 그는 그 자리를 떠나 버렸다.

오늘날 지배층 엘리트들도 이 책에 정리해둔 수많은 불편한 사실들을 직면하게 되면 그와 비슷하게 행동한다. 여기서 말하는 불편한 사실들이란 지구온난화는 예측된 속도만큼 발생하지 않고, 잘못된 기후 모델에 의해 끔찍하게 예견된 이상한 자연재해의 연속적인 발생은 일어나지 않으며, 만약 그렇게 된다고 하더라도 존재하지도 않는 인간에 의한 지구온난화를 해결하는 데 드는 비용은 오늘날 아무것도 하지 않고 더워진 날씨에 적응하는 데 드는 비용보다 엄청나게 더 많이 든다는 것이다.

그들은 사실에 대하여 귀를 막고 사라져 버린다. 그들은 진실을 듣지 않고, 진실을 보지 않으며, 진실을 말하지 않는다.

풍부한 재원을 바탕으로 엄청난 공포를 조장하고 사기 중의 사기를 퍼뜨리는 전체주의 사이비 과학자들의 패거리는 진실을 외면하고 '압도적 과학적 합의'로 포장한 정책 노선을 견지하고 있다. 스웨덴 스톡홀름대학교 뫼르너(Mörner) 교수는 이 기후 위기론(Climate Alarmism)을 '역대 최고의 거짓말'에 지나지 않는다고 했다. 또 저자 라이트스톤(Wrightstone)은 합의란 존재하지도 않고 설사 합의했다고 하더라도 과학적 관련성이 없으며, 이 책에서 여러 쪽을 할애하면서 이것에 관해 감탄할 정도로 간결하고 명쾌하게 설명하고 있다.

이븐 알하이삼(al-Haytham)이 과학자라는 자들에게 말할 수 있었던 것처럼, 과학이란 단순히 머릿수를 헤아려 진리를 찾는 것이 아니다. "진리를 추구하는 자는 아무리 덕망 있는 자가 참여하고 많은 사람의 지지를 얻었다고 하더라도 어떠한 합의에 자신의 확신을 던지지 않는다. 대신 그는 진리를 찾는 대상에 자신이 힘들게 알게 된 과학적 지식을 적용하면서 대상으로 이해한 것에 의문을 갖고, 다시 검토하고 의문을 제기하고 검토하고, 점검의 점검을 반복한다. 진실을 향한 여정은 멀고 힘들더라도 그것은 우리가 반드시 추구해야 할 길이다."

저자 그레고리 라이트스톤(Gregory Wrightstone)은 이븐 알하이삼의 철학에 확고한 신념을 둔 진정한 과학자다. 이 책에서 그의 임무는 어떤 실패한 정책 노선이라 해서 무조건 지지하지 않는다든가, 반면에 그 정책 노선이 과학적으로 동의할 수 없는 근거에만 의존한다고 해서 과장된 히스테리처럼 아무 생각 없이 반대하는 것도 아니다. 그의 임무는 기후 논쟁에서 어떤 것이 원인이고 어떤 것이 원인이 아닌지를 분별하는 것이다. 그는 대단히 성공적으로 임무를 완수했다.

나는 『불편한 사실』 편집 과정에서 작은 역할을 할 수 있어 기뻤다. 아마 독자들은 이 책이 읽기 쉽고, 논리적으로 구성되었으며, 명확한 표현과 풍부한 그림들, 그리고 증거들로 강력하게 뒷받침되며 무엇보다도 권위가 있다는 것을 알게 될 것이다. 이 책은 학술적인 결과물이 아니다. 우선 읽기 쉽게 쓰였다. 그렇지만 다른 일반 과학 서적들과 마찬가지로 포괄적인 참고 문헌을 달았으며, 그리고 책의 결론은 주류 뉴스 매체들이 기후변화에 관해 언급하기 쉬운 편의주의로 생각하는 소수의 '과학' 논문들보다 훨씬 더 신뢰할 수 있다.

이 책에 관해 주목할 만한 많은 것 가운데 하나는 이 책에 나오는 불편한 사실들이 놀랍도록 많고 이론적으로 타당하며 설득력이 있지만 부당하게도 이러한 사실들 가운데 어떤 것도 주류 언론에 보도된 적이 거의 없다는 점이다.

서구 사회의 자유와 번영과 이 둘을 보증하는 민주주의에 대한 증오로 가득 찬 전체주의적 적들에 의해 오랫동안 점거된 뉴스 매체들이 기후 문제 같은 이슈에 대해 양면 모두 충분하게 또는 공정하게 보도하지 않는 곳에서는 유권자들은 공정하고 온전한 정보를 접할 수 없다. 뉴스 매체들은 수치스럽게도 정보 전달을 충분하고 공정하게 하지 못했다. 그리고 그것은 저자 라이트스톤에게 절호의 기회가 되었다. 이 책은 반드시 필요하다. 이유를 정확히 말하자면 일반 뉴스 매체가 마치 구소련 KGB 허위 정보국이나 나치 괴벨스(Goebbels)의 독재 선전조직(Reichs-propagandaamt)에 의해 운영되는 것처럼 행동하기 때문이다. 정당의 정책 노선이 진실과 상반될 때마다 그들은 진실을 전혀 보도하지 않는다. 가끔 그것을 '부정주의(Denialism)'라고 비웃는 것으로 묘사하는 것 외에는 보도하지 않는다. 이와는 대조적으로 라이트스톤은 그것이 무엇을 지적하는가에 상관없이 진실을 보도하고, 독자 스스로 결정을 내리게 한다.

인간이 기후에 미치는 영향에 대한 오랜 논쟁에서, 지구 종말론으로 이익을 취하는 자들이 정책 노선에 별다른 이의 없이 동조하는 이유는 그것이 사실이기 때문이 아니라, 비록 정책 노선이 잘못되었더라도 그들은 그것이 사회적으로 편리하고 정치적으로 유용하고, 무엇보다도 경제적으로 이익을 얻을 수 있다고 생각하기 때문이다. 이 책은 종말론이 사실이 아니라는 것을 합리적 의심 없이 보여준다.

영어권 국가의 법률에서 인정받는 자연적 정의의 두 가지 원칙 중 하나는 "양쪽을 공평하게 들어보자(Audiatur et altera pars)"는 것이다. 이에 대해, 많은 이슈에서와 마찬가지로, 뉴스 매체들은 이슈의 회의적인 측면들이 철저한 조사와 함께 명확한 기술로 완벽하게 제시되는 것을 허용하지 않는다. 무엇보다도 『불편한 사실』과 같이 확실한 사실만으로 구성된 책은 민주주의의 생존, 진정한 과학의 회복, 그리고 객관적 진리의 궁극적 승리에 반드시 필수적이다.

크리스토퍼 몽크톤(Christopher J. Monckton)
영국 언론인, 브렌클리 자작(Viscount of Brenchley)

# 저자 서문

## 기후과학과 비전문가의 문제

현실 정치의 모든 목표는 대중을 끊임없이 도깨비 공포 이
야기 시리즈로 위협하고 그들의 상상력을 자극하여 불안하
게 하면서 안전으로 이끌어 간다고 떠들어 대는 것이다.

— 헨리 루이스 멘켄(Henry Louis Mencken), 미국 평론가

지금까지 우리는 인간이 초래한 기후변화로 인해 조만간 일어
날 환경재앙을 경고하는 정부와 관련 기관, 언론의 끝없이 계속되
는 요란한 선전을 봐왔다. 또 우리 사회가 주로 에너지 소비와 관
련된 생활방식을 획기적으로 바꾸지 않으면 더 많은 가뭄, 홍수,
허리케인(태풍), 토네이도(회오리바람), 폭염, 해안 침수가 일어날
것이라는 경고를 들어왔다.

우리는 어떠한 기후변화든 모두 인간이 대기로 배출한 엄청난
양의 '온실가스(대부분 이산화탄소)'로 인한 것이며, 이 기후변화에
자연적인 영향은 거의 또는 전혀 없다고 들어왔다. 또 이러한 주
장은 모든 과학자의 97%가 동의한 '확정된 과학'의 결과물이라
고 들어왔다.

하지만 기후 종말론을 쉽게 받아들이지 않는 사람들은 아마 '전문가'들이 완전히 틀린 것으로 입증된 여러 가지 상황을 봐왔거나, 어쩌면 '확정된 과학'에 대한 회의론이 놀라울 정도로 합리적인 것을 알았기 때문일 것이다. 또 미래 온도 예측용 모델들은 엄청나게 복잡하고, 모델에 사용되는 다양한 변수들은 인간의 판단에 의한다는 사실도 알았을 것이다. 끝으로 모델로 예측한 온난화가 멈추자 2005년 즈음에 와서 지구온난화가 기후변화라는 용어로 바뀌었고, 그 기후변화라는 용어도 지금은 일상적이지 않다고 여겨지는 모든 기후 상황에 대한 희생양으로 사용되고 있다는 사실을 아마 알게 되었을 것이다.

나는 기후변화 위기론 이면에 있는 과학에 관해 같은 질문들을 많이 받았다. 이러한 질문들 덕분에 나는 기후과학자들이 사용하고 있는 방법과 과학적인 사실로 발표된 내용의 타당성을 깊이 연구했다. 나는 35년 이상 지구 현상의 다양한 측면을 다루어 온 지구과학자로서, 기온이 기록된 지난 몇 백 년 동안, 또는 이보다 더 짧은 지구 관측 인공위성이 발사된 이후 지금까지 기간은 지질학적 측면에서는 눈 깜박할 사이에 불과하다는 것을 잘 알고 있다. 이는 그 데이터를 제대로 평가하기에는 너무 짧은 기간이다. 대부분 기후과학은 기록으로 남겨진 수십 년간을 다루고 있을 뿐이며, 그 데이터를 제대로 분석하는 데 필요한 더 장기적인 지질학적 관점에 적용할 시도를 하지 않고 있다.

온실가스 배출 증가로 인한 지구촌의 재앙이 코앞에 닥쳐 있다고 주장하는 과학자들은 지구에서 일어나는 현상들이 마치 그들 편에 있는 것처럼 말한다. 하지만 그들에게 이의를 제기하는 회의론자 입장도 마찬가지이다. 양쪽 다 옳다는 것은 말이 안 된다. 그렇다면 어느 쪽인가? 그래서 여러분도 재앙을 부른다는 기후변화가 내세우는 전제에 대해 의문을 갖게 될 것이다. 하지만 여러분은 과학자가 아닐 뿐 아니라 그와 맞서는 주장에 대해 적절히 평가할 수 있는 능력이 있다고 스스로 생각하지 않을 것이다.

스콧 애덤스(Scott Adams, 미국의 풍자만화 Dilbert 제작자)는 이것을 비전문가의 문제라고 했다. 일반인들은 기후 재앙에 관하여 일방적으로 편중된 정보를 가지고 의심은 하지만 그들 스스로 그것을 평가하고 판단할 수 있는 능력이 충분히 갖춰져 있지 않다. 이 책의 저술 목적은 기후 재앙에 대한 논쟁에서 확연히 드러난 많은 문제점을 보여주면서 과학에 기초하여 잘 정리되고 쉽게 이해할 수 있는 데이터를 과학자가 아닌 일반인들에게 제공하기 위함이다. 독자들이 이 책에 제공된 정보로 무장을 하고 기후변화에 관한 거짓 정보를 계속 퍼뜨리는 자들에 대해 자신 있게 대응하도록 하는 것이 나의 목표다.

독자들은 이 책에서 기후 대재앙을 믿는 무리에게는 불편하지만 매우 중요한 사실들을 보게 될 것이다. 이 사실들은 기후 종말이 임박했다고 선동하는 사람들이 그럴듯한 이유로 공개하지 않은 것들이다. 또 이 사실들은 선동가들이 예언한 기후 재앙은 앞서 멘켄이 우리에게 경고했던 것처럼 단지 상상 속의 도깨비 공포에 지나지 않는다는 것을 밝혀주고 있다. 여기에 제시하는 불편한 사실들은 인류를 위협하는 것이 기후변화나 지구온난화가 아니라, 심각한 오류에 빠진 과학에 기초하여 계획된 행동 강령을 강요하려는 한 무리의 선동꾼들이라는 것을 보여준다.

과학의 가장 큰 비극은 바로 추악한 사실로 아름다운 가설
을 죽이는 것이다.

— 토마스 헉슬리(Thomas Huxley), 영국의 생물학자

---

## 감사의 글

이 책은 다양한 재능을 가진 다음 분들이, 사실과 과학
으로 진실을 찾고 자료를 정확하고 명쾌하게 제시하고자
하는 나의 저술 목표를 함께해 준 덕분에 세상에 나오게 되
었다. 뛰어난 언어적 재능으로 명문장을 만들어준 고든 툼
(Gordon Tomb), 정치적인 책략에 관한 통찰력과 기술적 지
식을 공유해준 크리스토퍼 몽크톤(Christopher Monckton),
책 구성을 다듬고 참고 문헌을 풍성하게 해 준 로버트 버
거(Robert Burger), 그 외 편집과 그래픽을 담당해준 크리스
토퍼 험프리(Christopher Humphrey), 저스틴 스캐그스(Justin
Skaggs), 사라 하트(Sarah Hart), 앨리슨 키셀(Alison Kissel)에
게 깊은 감사를 드린다. 아울러 정신적 지지와 격려를 아끼
지 않은 동생 밥 라이트스톤(Bob Wrightstone), 친구 제프와
그웬 스티거왈트(Jeff and Gwen Steigerwalt), 놀라운 인내심과
응원을 보내준 아내 줄리아(Julia), 그리고 항상 곁에서 불평
하지 않는 나의 고양이 루시(Lucy)에게도 특별한 고마움을
전한다.

# 제 1 부

## 지구온난화
## 기초 지식

# 온실효과
## - 지구 생명체 보온 담요

## 제1장

지구 대부분을 적당히 따뜻하고 아늑하며 살기에 적합하게 하는 온실효과는 이산화탄소로 인한 온난화에 바탕을 둔 상상 속의 기후 종말론을 발전시켜나가는 빌미가 되기도 한다. 이 이론이 기후변화 논쟁뿐만 아니라 이 책의 모든 장에서 중심이 되기 때문에, 그 과정에 관한 기본적인 이해가 독자들에게 도움이 될 것이다. 독자들은 고등학교 과학 시간에 아마 처음으로 온실효과로 인한 온난화에 관해 배웠을 것이지만 그 세부 사항들은 마치 고급 다항식을 어떻게 풀어야 하는지 또 뉴햄프서주의 수도가 어디인지 기억할 수 없는 것처럼 시간의 안개 속으로 대부분 잊혀졌을 것이다. 참고로 뉴햄프서주의 수도는 콩코드(Concord)다.

태양 광선의 약 30%는 구름에 의해 반사되고, 나머지 대부분은 지구 대기를 통과해 지표면에 도달하게 된다. 태양 광선은 지표면에 흡수되고 그 에너지는 근적외선 스펙트럼으로 방출된다. 재방출된 에너지의 일부는 온실가스 분자에 흡수된다. 온실가스

| 그림 I-1 | 온실효과(Ipcc 2007)

에 흡수된 에너지는 다시 열의 형태로 발산된다. 이것이 온실효과
다(그림 I-1).

온실가스와 그로 인한 온난화가 지구를 약 15°C의 쾌적한 평균
온도로 유지하는 역할을 한다. 온실가스가 없다면 지구는 생명이
살 수 없는 -18°C가 될 것이다. 온실효과로 인한 온난화를 보여주
는 좋은 예로 지구 인근의 두 행성이 있다. 이 두 행성은 온실가스
상태의 극단적인 예로 농도 스펙트럼의 시작과 끝을 나타내고 있
다. 금성은 이산화탄소 농도가 96%(지구가 0.04%인 것에 비해)나 되는
매우 짙은 대기권으로 이루어져 있어 평균온도가 거의 462°C에 이
른다. 반면에 화성은 대기층이 거의 없어 온도는 -55°C를 나타낸
다. 이것을 '골디락스 효과(Goldilocks Effect)'라고 한다(표 I-1): 금성
은 지나치게 뜨겁고, 화성은 너무 춥고, 지구는 아주 적당하다.

| 행성 | 대기 구성 | 온실효과 (상대적 크기) | 평균 표면 온도 |
|------|-----------|------------------------|----------------|
| 금성 | 96% $CO_2$ | 100 | 462℃ |
| 지구 | 0.04% $CO_2$ : 생명체에 이상적 | 1 | 15℃ |
| 화성 | 95% $CO_2$ : 극히 미량의 대기 | 0.1 | -55℃ |

| 표 I-1 | 골디락스 효과

## 1.1. 수증기의 온실효과

온실가스와 관련된 논쟁에서 기후 위기론을 주장하는 단체들과 그들에게 우호적인 언론들은 온실효과로 인한 지구온난화의 주요인으로 오직 인간이 배출한 가스에만 초점을 맞추고 있다. 그들은 온실가스에서 가장 큰 부분을 차지하는 수증기를 언급하지 않는다.

예를 들어, 내셔널 지오그래픽(National Geographic)의 기후변화 웹사이트에서는 온실가스로는 '이산화탄소($CO_2$), 메탄($CH_4$), 아산화질소($N_2O$), 불소가스, 오존'이 있다고 보도하고 있다. 미국 연방 환경보호청(EPA)의 온실가스 파이 그래프는 그림 I-2의 왼쪽과 같다. 이 그림에서는 수증기로 인한 영향은 전혀 없다. 단지 이런 그림과 내셔널 지오그래픽에서 제공하는 것과 같은 설명만을 근거로 하면, 일반인들은 쉽사리 이산화탄소가 지구온난화의 주원인이라고 단정 지을 것이다. 온실효과로 인한 온난화의 주원인인 수증기는 완전히 무시되는 경우가 자주 있다.

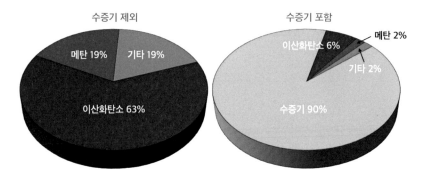

| 그림 I-2 | 온실가스의 지구온난화 기여도
(온실가스 데이터: CDIAC 2016, 수증기 영향: Robinson 2012)

수증기가 열을 함유하는 역할을 쉽게 이해할 수 있는 예는 미국 남서부 지역에서 찾아볼 수 있다. 습도가 영(0)에 가까운 뉴멕시코주에서는 여름날 저녁 산책을 하려면 쌀쌀해서 재킷이 필요하지만, 반면에 텍사스주 휴스턴에서는 높은 열과 습도로 땀에 젖어 감히 외출할 엄두도 못 낸다.

수증기가 온실효과에 주는 영향의 비율(%)은 여전히 논란이 되고 있지만, 양측 모두 수증기가 가장 큰 역할을 하고 있다는 점은 의견의 일치가 이루어졌다. 그러나 온실가스 증가는 어느 정도의 온난화를 유발할 것인지, 지금까지 온난화 중 얼마가 인간에 의한 것인지, 또는 앞으로 인간에 의해서는 어느 정도 온난화가 발생할 것인지에 관해서는 의견의 일치가 이루어지지 않고 있다.

날씨가 더워지게 되면 대기는 수용할 수 있는 수증기의 양을 증가시키고, 이는 온실효과를 더욱 가중시킬 수 있다(수증기 되먹임 효과, Feedback Effect). 하지만 어느 측도 지구온난화의 이 되먹임 효과로 인해 나타나는 '가중효과(Multiplier Effect)' 크기에 대해서는 의견의 일치를 보이지 않고 있다. 수증기 되먹임 효과에 대해 지나치게 과장된 추정은 필연적으로 기후 모델에서 미래의 온난화에 대한 과대평가로 이어질 수밖에 없을 것이다. 이렇게 과장된 추정들은 이런 모델들이 예측에 실패해온 주요 원인 중 하나로 밝혀져 왔다.

그래서 수증기에 대한 진실은 이 책에서 밝히고자 하는 첫 번째 불편한 사실이다.

| 불편한 사실 1 | **이산화탄소는 주된 온실가스가 아니다.** |
|---|---|

지구온난화가 정치적 쟁점이 되기 전에는 수증기가 온실효과의 60~95% 정도 기여한다는 것이 학자들 사이에서 일반적으로 받아들여졌다. 정부가 기후를 조절하려고 이산화탄소를 오염물질로 규정하는 것은 수증기를 조절하거나 오염물질로 규정하는 것보다 합리적이지 못할 뿐만 아니라 할 수 있는 일도 아니다.

공기 중 수증기의 양이 장소에 따라, 그리고 날마다 현저하게 다르므로 기후 모델에서 수증기의 작용과 이를 근거로 하는 예측은 부정확한 과학이다. 절대 습도는 지구에서 가장 건조한 남극 대륙과 사막이 거의 0인 것에서부터 수증기가 가득한 열대지방의 약 4%까지 다양하다(Driessen 2014). 하지만 수증기의 아주 미미한 변화는 현재 대기 중 이산화탄소 농도로 인한 것의 두 배 정도 온실효과를 증가시킬 수 있다(Robinson 2012).

수증기를 경시하거나 아예 무시하는 것, 또는 이산화탄소로 인해 직접 발생한 온난화를 증폭시킨다고 여겨지는 수증기 되먹임 효과에 너무 많은 가중치를 두는 것은 온실효과로 인한 온난화에 대한 인간의 기여도를 지나치게 강조하는 것이 된다.

## 1.2. 한계 효용 체감 현상

**불편한
사실 2**　　　**이산화탄소는 농도가 증가하게 되면
단위 농도에 따른 온실효과는 감소하게 된다.**

기후과학자들은 이산화탄소의 분자당 온난화 효과는 농도가 증가함에 따라 현저하게 (지수적으로) 감소한다는 사실을 알아냈고, 위기론자와 회의론자 양쪽 모두 이에 동의했다. 이것이 과거 지질시대에 이산화탄소 농도가 오늘날의 거의 20배나 높았어도 온실효과로 인한 과열된 온난화가 일어나지 않았던 이유 중 하나다. 이 불편한 사실은 그 중요성에도 불구하고 교묘하게 잘 감추어져 있고, 미래 기후 재앙 이론의 기반을 약화시키기 때문에 거의 언급되지 않고 있다(Hoskins, 2014).

이산화탄소 온난화 효과에는 한계 효용 체감 현상이 발생한다 (그림 I-3).

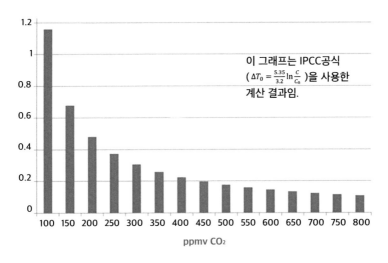

이 그래프는 IPCC공식
($\Delta T_0 = \frac{5.35}{3.2} \ln \frac{C}{C_n}$)을 사용한
계산 결과임.

| 그림 I-3 | 이산화탄소 농도 50ppm 추가될 때마다 지구온난화 효과는 감소한다.
(ppmv: 부피 기준 100만 분의 1)(Monckton 2017)

## 요약

지구는 온실효과로 인해 약 15°C의 평균기온을 유지하고 있다. 그 온실효과에는 수증기가 가장 큰 역할을 하고 있다. 하지만 기후 위기론자들은 온실효과로 인한 지구온난화의 주요인으로 오직 인간이 배출한 이산화탄소에만 초점을 맞추고 있다. 온실효과의 60~95%를 차지하는 수증기는 언급조차 하지 않는다. 이산화탄소의 온실효과에는 한계 효용 체감 현상이 나타난다. 농도가 증가함에 따라 단위 분자당 효과는 현저하게 떨어지기 때문에 과거 지질 시대는 지금보다 20배나 높았지만 과열된 온난화가 없었다. 기후 대재앙을 주장하는 자들은 이산화탄소를 악마화하기 위해 이 중요한 사실들을 숨기고 있다.

# 이산화탄소
## - 지구 생명의 기초

분자식 CO₂로 표현되는 이산화탄소는 재앙적 지구온난화 이론의 최고 악당으로 묘사된다. 탄소를 기반으로 하는 우리의 생활 방식이 환경 아마겟돈(Armageddon, 지구 종말로 이어지는 대전쟁)으로 이어질 것이라는 믿음은 석탄, 석유, 천연가스라는 세 가지 주요 탄소 기반 에너지의 사용을 중단시키려는 노력을 비롯한 다양한 탄소 방지 계획들을 부채질하고 있다. 파리기후협약에 의한 지구온난화 '해결책'은 2100년에 이르러서는 전 세계인들에게 100조 달러의 재산 손실을 초래할 것으로 추정되었다. 비외른 롬보르(Bjørn Lomborg, 2016)에 의하면, 그 100조 달러로 지구 온도를 섭씨 6분의 1도 정도 낮출 수 있다고 한다.

2009년 12월, 미연방환경보호청(EPA)은 이산화탄소가 '현재와 미래 세대의 공중 보건과 복지를 위협하기 때문에' 오염물질로 규제해야 한다는 연구 결과를 발표했다. EPA의 연구 결과가 발표되기 한 달 전, 버락 오바마(Barack Obama) 대통령은 향후 30

년에 걸쳐 이산화탄소의 배출량을 2005년 기준의 6분의 5까지 줄이겠다고 선언했다. 워싱턴 포스트(Washington Post) 저널리스트 조지 윌(George, Will)은 그 정도로 배출량을 줄인다는 것은 1인당 배출량이 1875년에 배출됐던 것과 거의 같다고 지적했다(Will, 2009).

유엔 파리기후협약에 제시된 것과 같은 여러 계산된 나쁜 영향 시나리오들은 100여 가지 이상의 복잡한 기후 컴퓨터 모델에 의해 산출된 믿을 수 없는 예측을 근거로 하고 있다. 이러한 모델들은 이산화탄소 농도의 소폭 상승(이번 세기 말경에 2,000분의 1정도 대기 변화)으로 세계 기후의 극적이고 치명적인 온난화를 유발할 것으로 예측하고 있다(IPCC, 2013).

환경운동가들이나 정부 기관들이 '화석연료를 땅속에 그대로 두기' 위해 파이프라인을 중단시키고, 대신 태양광이나 풍력과 같은 '재생에너지'로 대체하려고 하는 노력은 이산화탄소에 대한 부당한 혐오감에 의해 추진되었다. 우리 삶의 질을 유지하기 위한 비용은 이미 엄청날 뿐만 아니라 파리협약의 탄소 방지 계획들이 실행된다면 앞으로 수십 년의 세월이 지나갈수록 더욱 나빠질 것이다.

이산화탄소에 대한 우리의 의존도를 줄이도록 제안된 정책들은 경제적으로 유해하다. 또한, 그러한 제안들은 기후 관련 논쟁에서 아주 결정적인 의문점들을 제기한다. 이러한 의문점이 이번 장에서 다루어질 것이다.

• 오늘날의 이산화탄소 농도는 비정상적으로 높은가?

- 오늘날 인간에 의해 배출된 이산화탄소 농도는 얼마나 되는 것일까?
- 이산화탄소 농도가 더 높아지면 위험한 것일까 유익한 것일까?

공기 중의 이산화탄소 농도는 18세기 중반의 280ppm(parts per million, 백만분의 1)에서 오늘날에는 400ppm을 약간 웃도는 수준으로 상승했다. 우리가 최근 수십 년 또는 수 세기 동안에 해당하는 단지 짧은 기간만을 고려해 이산화탄소 데이터를 검토한다면, 이산화탄소 농도가 120ppm이나 상승했다는 것은 실로 엄청난 것처럼 보인다. 하지만 그런 숫자는 사기에 불과하다.

우리는 우선 현재와 가까운 과거의 이산화탄소 수치를 살펴볼 것이다. 그다음에는 장기적인 시각을 갖도록 고생대와 중생대 같은 지질학적 시대로 돌아갈 것이다. 이렇게 함으로써 오늘날 이산화탄소 농도가 상승하고 있지만, 현재의 이산화탄소 농도는 지구 역사 전체 기간에 있었던 것보다 현저하게 낮다는 것을 확실히 보여줄 것이다. 또한, 이산화탄소는 식물의 광합성에 필요한 영양물질이기 때문에 오늘날의 낮은 농도는 나무를 비롯한 모든 식물들을 굶주리게 하여 충분히 성장하지 못하게 한다는 사실을 알게 될 것이다.

**불편한 사실 3**     **무엇보다 중요하고 가장 우선하는 점은 이산화탄소는 식물 생존에 없어서는 안 되는 영양물질이라는 사실이다.**

## 2.1. 미량 기체 이산화탄소

대기 성분 거의 99%는 질소와 산소로 이루어져 있다. 그 나머지 1%는 여러 종류의 미량 기체로 구성되어 있다(그림 I-4). 미량 기체 중에는 대기의 0.04%, 또는 분자 수로 1백만 분의 400개에 해당하는 이산화탄소가 있다. 현재 수준으로는 대기 구성 성분 중에서 엄청나게 적은 비율이다. 중요한 사실은 고등식물의 경우는 최소 150ppm이 되지 않으면 생존할 수 없다는 것이다. 우리는 앞으로 현재의 농도는 위험할 정도로 '사망 한계선' 150ppm에 근접해 있다는 사실을 알게 될 것이다.

이산화탄소를 가장 많이 발생시키는 인간 활동은 운송, 난방, 취사, 전력, 기타 다양한 용도의 화석연료 연소다. 이러한 화석연료의 사용으로 우리는 현대적 삶의 편리함과 일상을 유지하며 인류 역사에서 과거 어느 때보다 더 건강하고 오랜 수명을 누리고 있다(그림 I-5).

흥미롭게도, 저비용 청정 연소의 천연가스는 에너지 부문에서 점차 점유율을 높이고 있다. 이는 석탄이나 가솔린보다 단위 열량

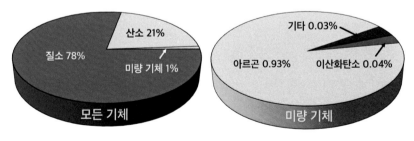

| 그림 I-4 | 수증기를 제외한 대기 중의 가스
(미국 기상청, U.S. National Weather Service)

당 이산화탄소를 현저히 낮게 배출한다(표 I-2).

| 연료 | 이산화탄소(파운드)/열량(백만 BTUs) |
|---|---|
| 석탄 | 206 |
| 휘발유 | 157 |
| 천연가스 | 117 |

(US Energy Information Administration, 2017)

| 표 I-2 | 단위 열량 당 이산화탄소 배출량(BTU: British Thermal Units)

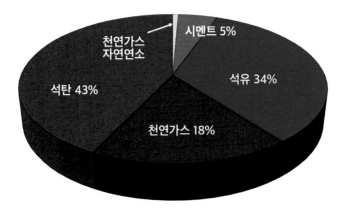

| 그림 I-5 | 인간에 의한 이산화탄소 배출원(Le Quéré 2012)

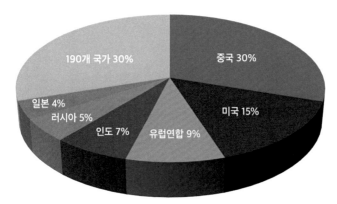

| 그림 I-6 | 2014년 기준 국가별 이산화탄소 배출(Boden 2017)

최근 전 세계적인 이산화탄소 배출량은 중국, 미국, 유럽연합, 인도의 영향이 큰 부분을 차지하고 있었다(Boden, 2017). 이 네 곳은 전 세계 이산화탄소 배출의 61%를 차지하고, 나머지는 그 외 190개 국가에서 배출하고 있다(그림 I-6).

## 2.2. 지구의 이산화탄소 역사

대기의 이산화탄소 직접 측정은 1958년 하와이 마우나로아 관측소(Mauna Loa Observatory)에서 시작되었다. 이산화탄소의 농도는 1958년 당시 314ppm에서 2017년에는 406ppm으로 꾸준히 증가하고 있음이 나타나고 있다(그림 I-7).

1750년 280ppm에서 2017년 406ppm으로 40%가량 증가한 것은 주로 인간에 의한 것으로 알려졌다. 이러한 증가는 대부분

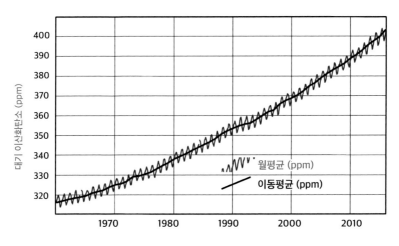

| 그림 I-7 | 하와이 마우나로아 관측소의 이산화탄소 농도(1958~2017)(Tans 2017)

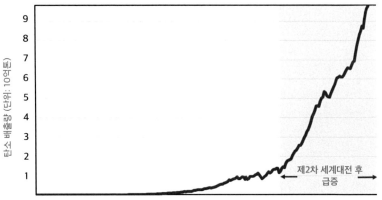

| 그림 I-8 | 인간에 의한 전 세계적인 탄소 배출량(Boden 2016)

에너지 소비에서 비롯된 것이고, 시멘트 제조와 천연가스 자연 연소도 소량 기여한 것이다. 그림 I-8의 좀 더 장기적인 조망은 전 세계 탄소 배출량이 1850년 중반부터 아주 소폭으로 증가하기 시작하다가 20세기 중반 이후 현저하게 증가하고 있음을 보여준다.

오늘날 약 400ppm이 넘는 이산화탄소 농도는 전례가 없다거나, 흔치 않거나, 또는 무조건 위험한 것인가? 이산화탄소 농도가 오늘날보다 훨씬 더 높았던 초기 지구의 기후에서는 어떤 일이 있었을까?

다행스럽게도 지구의 고기후 이산화탄소를 연구하는 사람들에게는 남극과 그린란드에서 채취한 빙핵(Ice Core)으로부터 수십만 년 동안 대기의 이산화탄소 농도를 정확하게 복원하는 것이 가능하다. 눈이 쌓여 빙하로 압축되는 과정에서 갇히게 된 공기 방울로 옛날 대기 성분과 연대를 정확하게 직접 측정할 수 있다.

남극은 가장 오랫동안 계속해서 얼음이 축적되어 왔다. 남극

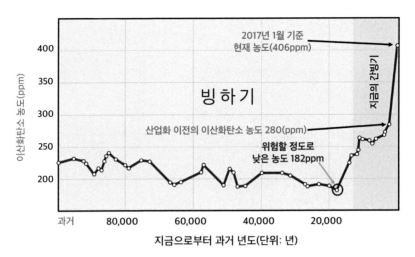

| 그림 I-9 | 남극 보스토크 빙핵의 10만 년 동안 이산화탄소 농도(Barnola 2003)

의 빙하는 80만 년 전으로 거슬러 올라가는 정보를, 그리고 그린란드 빙하는 128,000년 전으로 올라간 이전 간빙기까지 북반구 대기 농도에 관한 매우 유익한 정보를 제공한다.

그림 I-9은 지금부터 가장 가까운 빙하시대가 시작하는 시점까지 거슬러 올라가는, 남극의 과거 10만 년 동안의 기록을 보여주고 있다. 이 그림은 이산화탄소 농도가 빙하기 동안 감소하고 온난한 간빙기에는 상승하는 전형적인 추세를 나타낸다. 우리는 산업화 이전부터 지금까지 약 120ppm가량의 상승이 있었음을 볼 수 있다. 이러한 상승은 간빙기의 일반적인 상승일까 아니면 비정상적으로 높은 것일까?

그림 I-10에 제시된 바와 같이 좀 더 과거로 가면 간빙기에는 이산화탄소 농도가 평균 약 280ppm이었음을 보여준다. 현재 나타나고 있는 400ppm은 이전 온난기 동안의 농도보다 약 120ppm, 또는 약 40%가량 더 높다.

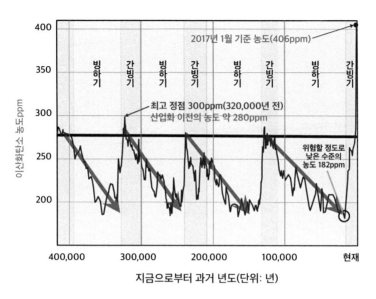

| 그림 I-10 | 남극 보스토크 빙핵의 40만 년 동안 이산화탄소 농도(Barnola 2003)

<table>
<tr><td>불편한<br>사실4</td><td>지난 네 번의 빙하기 동안 이산화탄소 농도는<br>위험한 수준까지 떨어졌다.</td></tr>
</table>

　지난 네 번의 각 빙하기 동안 이산화탄소 농도는 190ppm 이
하로 떨어졌다. 마지막 빙하기 끝 무렵에는 농도가 182ppm까지
내려갔다. 아마도 지구 역사상 가장 낮았던 수치다. 그렇다면 이
낮은 수치는 왜 우려할 만한 일인가? 이유는 150ppm 이하에서는
대부분의 육상 식물은 생존할 수 없기 때문이다. 당시 30ppm(공
기 구성 분자 100만 개 중 30개가 이산화탄소)만 더 떨어졌다면 지구상
대부분의 식물들은 살아남을 수 없게 되고 식물에 의존하는 모든
육상 고등생물종도 멸종하게 될 수준까지 간 것이었다. 우리가 대
기에 이산화탄소 농도를 증가시키는 일을 시작하지 않았다면 다

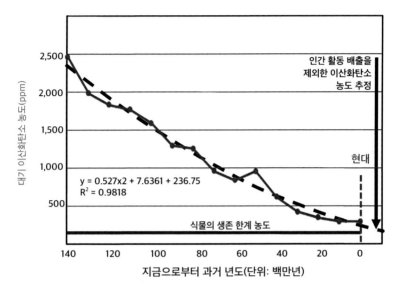

| 그림 I-11 | 1억 4천만 년 동안 일어난 이산화탄소의 위험한 수준까지 감소(Berner 2001)

음 빙하기 동안 치명적인 150ppm 이하로 떨어지지 않을 것이라고 확신하지 못한다는 사실을 명심해야 한다. (그 시기는 우리가 생각하는 것보다 훨씬 더 빨리 올 수도 있다.)

그림 I-10에 제시된 빙핵에서 채취된 비교적 단기간의 데이터와 약 1억 4천만 년 전으로 거슬러 올라가는 훨씬 장기간의 데이터(Berner, 2001, 그림 I-11)에서는 이산화탄소가 식물이 굶어 죽는 기아 상태로 가는 매우 우려할 만한 하향 추세를 나타내고 있다. 화석연료의 연소는 인류가 이 유익한 분자의 농도를 증가시킬 수 있게 해주었고, 아마 이산화탄소와 관련된 지구 대재앙을 실제로 막아주었을 것이다.

<table>
<tr><td>불편한<br>사실 5</td><td>1억 4천만 년 동안 이산화탄소는<br>위험한 수준까지 감소했다.</td></tr>
</table>

기후 재앙으로 지구 종말이 온다는 자들은 적어도 지난 40만 년 동안 이산화탄소 수치가 이렇게 높은 적이 없었다고 말한다. 정확히 말하자면 그들은 기껏 길어봐야 그 정도다. 그들은 지질학적인 관점으로는 아주 최근에 불과한 지난 150년간 약 120ppm 정도 상승한 부분만을 선호한다. 현재의 수준을 정확히 분석하기 위해서는 '과거로 가는 기기(Way Back Machine)'를 이용해야 한다. 우리가 그러한 자료를 제대로 된 상황에 대입하게 되면 그 결과는 다음과 같은 불편한 사실로 이어지게 된다.

<table>
<tr><td>불편한<br>사실 6</td><td>현재 우리의 지질학적 시기(제4기)는 지구 역사상<br>가장 낮은 이산화탄소 평균치 수준에 있다.</td></tr>
</table>

언론이나 소위 전문가라 불리는 사람들이 오늘날의 이산화탄소 농도는 전례 없다고 자주 되풀이하는 것과 반대로, 현재 우리의 지질학적 시기인 제4기에는 지구의 장구한 역사에서 평균 이산화탄소 수치가 가장 낮게 관찰되어 오고 있다. 이산화탄소 농도가 32만 년 전에 잠시 300ppm으로 정점에 이르기는 했지만 지난 80만 년 동안 평균 수치는 230ppm이었다(Luthi, 2008).

지난 6억 년 동안의 평균 이산화탄소 농도(그림 I-12)는 2,600ppm 이상으로, 현재 수치의 거의 7배에 이르고, IPCC가 2100년에 나타날 최악의 경우로 예측한 것의 2.5배나 된다. 현재 우리의 지질학적 시기(제4기)는 평균 이산화탄소 농도가 지구 역

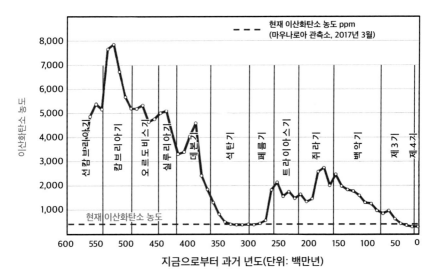

| 그림 I-12 | 지난 6억 년 동안의 이산화탄소 농도(Berner 2001)

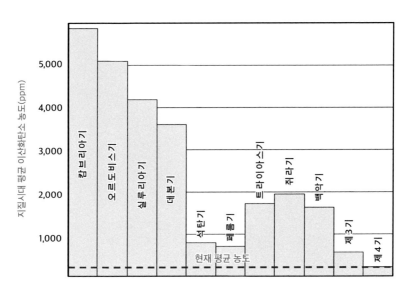

| 그림 I-13 | 11번의 지질 시대에서 이산화탄소 평균 농도(Berner 2001)

사상 가장 낮다(그림 I-13).

장기적인 데이터를 공정하게 분석하는 사람들이 보기에는 지금 우리가 지나치게 높은 이산화탄소 상태에 있다기보다는 사실상 이산화탄소 기아 시기에 있는 것이 분명하다. 관점에 따라 모든 것이 달라진다. 이산화탄소 농도가 약간 증가한 지구 역사의 짧은 시기를 모든 생명체가 종말을 고한다는 이론의 뒷받침에 이용하고 있지만, 산업혁명이 시작된 이후 증가한 약 120ppm 이산화탄소는 지구 역사의 장기적인 관점에서 보게 되면 거의 인식조차 할 수 없다.

## 2.3. 이산화탄소의 기후 임계점

우리는 되돌릴 수 없는 기후 시스템의 임계점 벼랑 끝에 있다.

— 제임스 한센(James Hansen),
전 NASA 고다드 우주연구소장(Goddard Institute for Space Studies)

금년 3월(2014년), 지구의 이산화탄소 수치는 400ppm을 넘어섰다. 이미 우리는 해수면 상승, 거대한 폭풍, 산불과 각종 형태의 이상 기후 등 기후변화의 치명적인 영향을 경험하고 있다. 400ppm을 넘는다는 것은 그다음 어떠한 것이 닥칠지 모르는 불길한 징조다.

— 350.org(화석연료 사용 중단을 주장하는 급진 환경단체)

‘임계점’이라는 표현은 과학이 아니다. 그것은 과장된 선전이다. 기후 위기론자들은 어떠한 근거도 없이 400ppm을 ‘임계점’

이라 하고 이 수치를 넘게 되면 이산화탄소 배출을 극적으로 줄이지 않는 한 지구는 회복될 수 없다고 선언해왔다. 그러나 절대로 걱정할 필요가 없다. 그림 I-12에서 제시하였듯이, 지구 역사상 거의 모든 기간동안 이산화탄소 수치는 400ppm의 몇 배나 되었다. 이 '임계점'이라는 것은 조만간 그 점에 도달할 것 같으니까 완전히 자기들 마음대로 선택한 숫자다. 원한다면 '임계점'은 쉽게 425ppm으로 설정되었을 수도 있고, 그렇다면 이른바 기후 아마겟돈은 2020년 이후로 연기되었을 것이다. 이렇게 했으면 선진국을 비롯한 전 세계 모든 국가에 경제적으로 손상이 갈 파괴적인 이산화탄소 방지 법안을 통과시키는 데 필요한 임박한 기후 종말의 위협에 대한 두려움을 줄였을 것이다.

## 2.4. 이산화탄소 증가로 인한 혜택

이산화탄소가 증가하면 식물 성장에 직접적인 도움이 된다는 것은 오래전부터 잘 알려져 왔다. 드 소쉬르(De Saussure, 1804)는 고농도의 이산화탄소는 식물 성장을 빠르게 한다는 것을 최초로 밝힌 사람이다. 이후 수천 편의 저명 학술지 논문들은 그의 연구

업적을 뒷받침해 주었다. 증가한 이산화탄소는 식물들이 가뭄, 더운 날씨, 오염, 기타 환경적 스트레스를 견뎌내는 데 도움이 된다는 것도 연구를 통해 밝혀졌다.

| 불편한<br>사실 7 | **이산화탄소 증가는<br>식물이 더 잘 성장하는 것을 의미한다.** |
|---|---|
| 불편한<br>사실 8 | **이산화탄소 증가는<br>전 세계 더 많은 사람에게 식량을 제공한다.** |

기후변화에 관한 민간국제패널(NIPCC: Nongovernmental International Panel on Climate Change) 기후변화 재검토(Climate Change Reconsidered)의 '생물학적 변화' 부분에서, 이산화탄소 증가가 세계 식량 생산에 주는 유익한 영향이 열거되어 있다(Idso 2014). 다음은 핵심 내용이다.

- 거의 모든 식물은 이산화탄소가 증가함에 따라 광합성이 증가한다.("이산화탄소는 비료다.")
- 이산화탄소 증가는 식물을 더 적은 물과 더 적은 스트레스로 더 빠르게 성장하게 한다.
- 이산화탄소가 증가함에 따라 숲은 더욱 빨리 성장한다.
- 이산화탄소 증가는 토양과 물에서 유익한 박테리아의 성장을 촉진한다.
- 이산화탄소 시비($CO_2$ Fertilization)는 식물을 더 잘 자라게 하여 토양 침식을 줄인다.
- 더 많은 이산화탄소는 작물 수확량을 증가시키고 훨씬 많

고 큰 꽃을 맺게 한다.

- 더 많은 이산화탄소는 뿌리곰팡이에서 유익한 단백질 글
로말린(glomalin)이 만들어지게 한다.
- 더 많은 이산화탄소는 물 손실을 줄이고 관개를 적게 하
도록 하며 토양의 수분함량을 증가시킨다.
- 더 많은 이산화탄소는 식물이 포식 곤충을 퇴치하는 자연
방충제를 생산하도록 한다.

식용 작물 83종에 관한 270개의 실험 연구에서 이산화탄소 농
도가 300ppm 더 증가하게 되면 모든 실험 작물의 성장이 평균
46%(건조 중량 바이오매스)가량 증가할 것으로 나타났다(Idso, 2013).
그림 I-14는 각 작물의 예상 증가율과 1961년에서 2010년까지의
반세기 동안 이산화탄소로 인해 증가한 작물 수확량이 세계 경제
에 미치는 경제적 혜택(색상으로 표기)을 보여주고 있다.

반대로 대다수의 연구에서 낮은 이산화탄소 환경으로 인한 역
효과가 보고되었다. 예를 들어, 오버디엑(Overdieck, 1988)은 이산
화탄소 농도가 280ppm으로 낮았던 산업혁명 이전에는 식물 성
장이 오늘날과 비교해서 8% 정도 줄어들었음을 지적하고 있다.

이산화탄소의 농도가 높은 환경에서 식물들이 더욱 번성한다
는 것은 상식이지만, 우리가 현재 연료로 사용하는 고생대 식물들
은 처음에는 이산화탄소 농도가 오늘날의 10배나 되는 시기에 번
성했고 진화해왔다는 사실과도 관련이 있다. 그러므로 기후 위기
론자들이 이산화탄소 농도를 낮추려고 하는 노력은 식물에도 나
쁘고 동물에도 나쁘며 인간에게도 당연히 나쁘다.

| | |
|---|---|
| 당근과 순무(Tturnips) | +77.8% |
| 여기 명시되지 않은 기타 과일 | +72.3% |
| 여기 명시되지 않은 기타 열대 과일 | +72.3% |
| 포도 | +68.2% |
| 사탕무(Sugar beet ) | +65.7% |
| 건두류(Dry beans) | +61.7% |
| 오렌지 | +54.9% |
| 얌(자색 고구마) | +47.0% |
| 땅콩 | +47.0% |
| 유채(Rapeseed) | +46.9% |
| 대두(Soybeans) | +45.5% |
| 바나나 | +44.8% |
| 사과 | +44.8% |
| 코코넛 | +44.8% |
| 플렌테인(Plantains ) | +44.8% |
| 오이, 거킨(Gherkins) | +44.8% |
| 배 | +44.8% |
| 기장(Millet) | +44.3% |
| 수박 | +41.5% |
| 호박류 | +41.5% |
| 여기 명시되지 않은 기타 야채류 | +41.1% |
| 고추류 | +41.1% |
| 가지 | +41.0% |
| 양배추 및 브라시카(Brassicas) | +39.3% |
| 호밀(Rye) | +38.0% |
| 해바라기 씨 | +36.5% |
| 벼 | +36.1% |
| 망고, 망고스틴(Mangosteens), 구아바(Guavas) | +36.0% |
| 토마토 | +35.9% |
| 보리 | +35.4% |
| 올리브 | +35.2% |
| 귀리(Oats) | +34.9% |
| 사탕수수 | +34.8% |
| 고구마 | +34.0% |
| 감자 | +33.7% |
| 귤, 만다린 | +31.3% |
| 마른 녹두 | +29.5% |
| 옥수수( Maize) | +29.2% |
| 양파 | +24.1% |
| 수수 | +20.0% |
| 밀 | +19.9% |
| 상추, 치커리 | +18.5% |
| 카스바(Cassva) | +13.8% |
| 파인애플 | +5.0% |
| 멜론 | +4.7% |

이산화탄소가 2배(300ppm) 증가했을 경우
작물의 생산량 증가 비율(%)

1961년부터 2010년까지
이산화탄소 시비효과로 인한
농작물 생산량 증가를
달러로 환산한 경제적 이익

| |
|---|
| $150+ 십억 |
| $100-149 십억 |
| $45-99 십억 |
| $30-45 십억 |
| $15-30 십억 |
| $0-15 십억 |

| 그림 1-14 | 이산화탄소가 300ppm 더 증가했을 때의 수확량 증가와 경제적 혜택 (549
종을 대상으로 한 3,586회의 실험에 근거)(Idso 2013, Monckton 2017)

내가 비록 지구의 식물군을 대변하고자 하는 것은 아니지만, 식물들이 이산화탄소 감소와 관련해서 한마디 한다면, 아마도 식물은 이산화탄소 수치를 줄이는 데 찬성하지 않을 것이라고 나는 분명히 확신한다. 식물에는 이산화탄소가 먹이다. 식물은 더욱 많은 이산화탄소가 필요하지 줄어드는 것을 원하지 않는다.

**불편한
사실 9**　　　　　**더 많은 이산화탄소는
토양의 수분을 증가시키는 것을 의미한다.**

대기 중의 이산화탄소가 더 많아지게 되면 토양이 더욱 많은 수분을 함유한다는 것을 스완(Swann, 2016)이 밝혀내면서 그 인식이 점점 확산되고 있다. 식물이 수분을 상실하게 되는 주요 원인은 식물 잎의 아랫면에 있는 기공이나 그 외 구멍들이 이산화탄소를 흡수하기 위해 열리는 증산작용에 기인한다. 이산화탄소 농도가 높으면 기공은 더 짧은 기간만 열리기 때문에 잎새의 수분 상실이 적고, 토양에는 더 많은 수분이 유지되는 것이다.

이러한 이점들은 앞으로 점점 증가하는 세계 인구를 먹여 살릴 수 있는 인류의 미래 역량으로서 엄청나게 중요하다. 이는 마두(Madhu, 2015)에 의해 관찰되었다. 그는 콩(Soybean)의 성장에서 이산화탄소 증가로 얻어지는 혜택에 대해 다음과 같이 발표했다.

이러한 결과는 증가된 이산화탄소와 토양의 수분이 식물의 성장에 미치는 직접적인 상호작용 효과를 보여준다. 이것은 세계적인 식량안보뿐만 아니라 영양안보에도 영향을 미칠 것이다.

이산화탄소가 주는 혜택에 관해서는 상상으로 만들어 낸 다양한 기후 재앙을 다룰 때 좀 더 상세하게 살펴볼 것이다. 우선 가뭄, 폭염, 산불의 감소는 이산화탄소가 토양의 수분 증가와 연관이 있었다는 점을 주목해야 한다. 이산화탄소 증가가 주는 이러한 혜택은 기후 위기론자들이 숨기고자 하는 불편한 사실들이다. 이러한 혜택은 기후변화로 인한 소위 '사회적 비용'의 공식적인 경제성 평가에는 거의 포함되지 않는다.

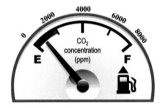

이산화탄소 400ppm이 지나치게 높다고 우려하는 것은 자동차 주유 탱크를 채울 때 1/8쯤 찼을 때 넘쳐날까 걱정하는 것과 같다.

— 피에르 고셀린(Pierre Gosselin),
세계적인 기후변화 위기론 반대 운동가

다음 세기에 역사학자들이 분명 의문을 품게 될 것은 "어떻게 아주 결함투성이인 논리가 약삭빠르고 계속되는 선전으로 가려져, 실제로 강력한 이익집단의 연합을 만들어, 이들이 인간의 산업 활동에서 나오는 이산화탄소가 위험하고 지구를 파괴시키는 독소라는 것을 세상의 거의 모든 사람들에게 확신시킬 수 있었는가"라는 사실이다.

식물의 생명줄인 이산화탄소가 한때 독극물로 여겨졌다는 것은 세계사에서 최대의 집단 최면으로 기억될 것이다.

— 리처드 린젠(Richard Linzen), 미국 MIT 공대 기후과학 교수

## 요약

    지구온난화의 최고 악당으로 묘사되는 이산화탄소는 식물의 광합성에 없어서는 안 되는 영양물질이다. 인간의 화석연료 사용으로 18세기 중반 280ppm에서 오늘날에는 400ppm을 넘는 수준으로 상승했다. 기후 위기론자들은 120ppm 이상 상승했고 임계점을 초과한 전례 없이 높은 수치라며 대재앙을 예고하고 있다. 하지만 이 수치는 지구의 장구한 역사와 식물의 생존을 고려해보면 세계 인류의 집단 최면을 노리는 사기에 불과하다.

    지난 6억 년 동안 지구의 평균 이산화탄소는 2,600ppm 이상이었고 대부분 식물은 여기에 적합하게 진화해왔다. 하지만 1억 4천만 년 전 2,500ppm에서 지금까지 계속 감소해왔다. 특히 지난 40만 년 동안 있었던 네 번의 빙하기에는 식물의 생존 한계인 150ppm을 약간 웃도는 190ppm 이하까지 떨어졌다. 화석연료 사용으로 증가한 이산화탄소는 생존 한계로 향하던 지구 생태계에 활기를 불어넣었다. 전 세계 야생 초목의 생산성은 놀라울 정도로 늘어나 우주에서 인공위성으로도 관측할 수 있게 되었으며, 증가한 작물 수확량은 현대인에게 풍요로운 식탁을 제공하고 있다.

# 제 2 부

---

## 지구 역사와
## 기후변화

---

# 빙하기와 온난기
## - 지구의 자연현상

## 제3장

우리는 앞장에서 인간이 만든 기후 히스테리 증상을 옹호하는 사람들이 현재와 미래에 예측된 이산화탄소 농도를 어떻게 잘못 이해해 왔는지 살펴보았다. 이산화탄소는 날씨를 덥게 하고 여러 재난의 원인이 된다고 가정하여 악마로 묘사되었다.

이산화탄소에서 그랬던 것처럼, 기온에 관한 기후과학과 미디어가 조장한 히스테리의 대부분은 온도계로 측정한 250년과 위성으로 관측한 지난 50년간의 기록에 초점을 두고 있다. 그리고 이산화탄소에서 그랬던 것처럼 비교적 짧은 시간 범위에만 초점을 맞추는 것은 왜곡된 데이터 해석을 제공하게 되었다.

예를 들어, 기후 위기론자들은 최근 수십 년간 발생한 온난화는 이례적이고 전례 없는 것이었다고 말한다. 그들은 또한 지난 달, 지난해 또는 지난 10년간, 원하는 대로 선택하여 역사적으로 가장 높았다고 쉴 새 없이 말한다. 하지만 측정 기록이 있는 그 기간은 지구의 장구한 지질학적 시간으로 보면 눈 깜짝할 찰나에 불과하다. 기후 격변설을 주장하는 사람들은 지구 근대사에 편협하게 초점이 맞춰진 렌즈를 통해 기후를 조망하고 있다. 데이터를 제대로 분석하려면 수천 년에서 수만 년에 이르는 장기적인 지질학적 관점에서 기후 조망이 이루어져야 한다.

이산화탄소와 마찬가지로 우리는 우선 현대(Modern Era)의 기온을 살펴본 다음 점차 수십 년에서 수억 년으로 거슬러 올라가면서 제대로 된 균형감을 가지고 데이터를 분석해야 할 것이다.

하지만 이보다 먼저 우리는 기후과학의 논쟁에서 가장 핵심적이고 논란의 여지가 있지만, 반드시 짚고 넘어가야 할 문제와 마주해야 한다.


## 3.1. 조작된 기후 역사

1998년까지는 저명한 기후학자 휴버트 램(Hubert Lamb)의 그래프(그림 II-1)에서 제시된 것처럼 지난 수천 년 동안 기온은 상승하거나 하락했다는 것에 '의견의 일치'가 이루어졌으며, 1990년 기후변화에 관한 정부간 패널(IPCC)의 제1차 평가보고서(First Assessment Report)에도 그렇게 나와 있다. 이 그래프를 보면 지구는 소빙하기(Little Ice Age, 1250~1850)의 가장 추웠던 시기를 17세기 후반부터 벗어나면서 따뜻해지고 있으며, 지금의 기온은 그 이전에 있었던 중세 온난기(Medieval Warm Period, 950~1250)보다 현저하게 낮다는 것을 알 수 있다.

기후과학이 정치화되기 전에는 이러한 견해가 지배적이었으

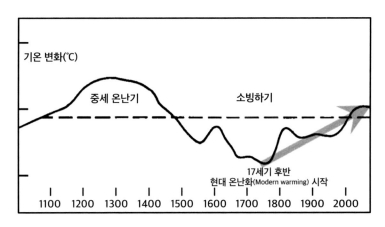

| 그림 II-1 | 휴버트 램(Hubert Lamb)의 과거 1,100년 동안의 온도 그래프(IPCC 1990)

며 이는 광범위한 역사적 자료와 측정된 기온에 바탕을 두고 있다. 지난 1만 년 동안 홀로세 최적 기후(Holocene Climate Optima), 이집트 고대 왕국(Egyptian Old-Kingdom), 미노아(Minoan), 로마(Roman), 중세(Medieval), 현대(Modern)에 이르기까지 이미 수차례의 온난기가 있었다. 그리고 과거 온난기의 이산화탄소 농도는 지금의 70%에 불과했지만, 모든 온난기가 지금보다 더웠다. 여기서 볼 수 있는 더 낮은 이산화탄소 농도가 더 높은 기온이라는 불편한 모순은 인간의 탄소 발자국을 줄이려는 가혹한 조치를 정당화하기 위한 이산화탄소 증가는 곧 해로운 기온 상승이라는 논조에는 맞지 않았다.

더욱 불편한 사실은 지금의 온난화 추세가 실제로는 인간의 활동이 온실가스를 발생시키는 심각한 원인이 되기도 훨씬 이전인 200년 전에 이미 시작되었다는 점이다. 만약 인간이 유발했다는 재앙적 온난화 이론을 인정한다면 지구 기온의 최근 동향에 대한 전통적인 과학적 설명은 받아들일 수 없을 것이다.

그동안 별로 유명하지 않았던 기후과학자 마이클 만(Michael Mann)을 보도록 하자. 그는 두 명의 동료와 함께 지난 1000년간의 지구 온도 복원을 목적으로 하는 두 편의 논문(Mann, 1998, 1999)을 발표했다. 그들은 "20세기 후반의 기온은 전례가 없었으며", "20세기 중반부터 후반까지 관측된 기온에 비해 복원된 과거의 온난기들은 오히려 기온이 낮았다"고 했다.

그들의 연구 결과는 그래프로 요약되어 인간에 의한 기온 상승을 나타내는 선전 포스터가 되었다(그림 Ⅱ-2). 이 그래프는 서기 1000~1900년에는 기온이 계속 내려가고 있으며 20세기에는 급상승하고 있음을 특징적으로 보여주고 있다. 관련 증빙자료가 풍부한 중세 온난기가 몹시 추웠던 소빙하기와 함께 갑자기 사라져버렸다. 가장 중요한 것은 갑작스러운 기온 상승이 산업혁명이 시작되면서 이산화탄소가 이후 꾸준히 증가하는 추세와 일치하고 있다는 점이다. 그래프는 900년 동안 온도가 느린 속도로 내려가는 손잡이와 급격히 상승하는 짧은 날의 모양을 하고 있었기 때문에 '하키 스틱(Hockey Stick)'이라 불렸다.

자칭 지구의 기후 감시대라고 하는 자들은 하키 스틱 그래프가 온실가스와 위태로운 온난화의 인과관계를 증명하는 증거라고 단정 지었다. 하키 스틱 그래프는 2001년 IPCC의 제3차 평가보고서(Third Assessment Report)의 핵심이었다.

## 3.2. 하키 스틱 그래프의 배경

만약 마이클 만의 지난 천 년간의 기온 변화를 그래프로 표현한 것이 옳았다면, 최근의 온난화는 인간의 활동에 의한 것이라는 그의 연구 결과는 확고한 기반을 형성했을 것이다. 이 파렴치한 그래프는 앨 고어(Al Gore)의 영화와 저서 『불편한 진실(An Inconvenient Truth)』에서 두드러지게 나타났으며, 수많은 IPCC 기자 회견장의 배경 화면으로도 사용되었다.

만이 그래프(그림 II-2)에 사용한 근거들은 심하게 비판받아 왔다. 인간에 의한 지구온난화 개념을 지지하는 과학자 중에도 이 그래프를 비판하는 자들이 많다.

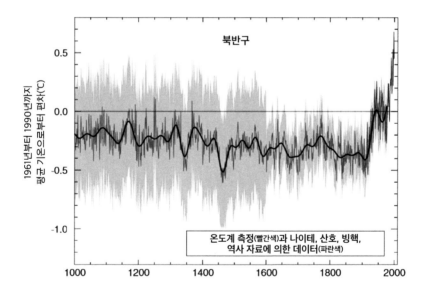

| 그림 II-2 | 마이클 만(Michael Mann)의 하키 스틱 (IPCC 2001)

첫째, 만은 과거 기온의 대리 값(Proxy)을 얻는 과정에서 주로 캘리포니아 브리슬콘(Bristlecone) 소나무에서 채집한 비교적 소량의 나무 나이테 자료 세트와 가스페 반도(Gaspé Peninsula, 캐나다 세인트로렌스강 하구)의 삼나무에서 추출한 아주 적은 양의 표본에 지나치게 의존했다.

IPCC 자체도 나무의 나이테를 이용하여 과거 기온을 추정하기에는 근거가 약하다고 이미 경고한 바가 있다. 이유는 나이테는 1년 동안 날씨가 더울 때뿐만 아니라 비가 많이 오거나 공기 중 더 많아진 이산화탄소가 나무에 영양분 공급하여 성장을 촉진할 때 두꺼워지기 때문이다.

심지어 브리슬콘 소나무와 관련된 데이터를 제공한 과학자들도 그 데이터를 이용한 기온 재현에는 별도의 경고를 했다. 그럼에도 불구하고 만은 그 자료를 사용했다. 그리고 그 자료는 그가 원하는 결과를 제공했다. 그는 의문의 여지가 있는 대리 값을 이용했을 뿐만 아니라, 비교적 적은 수의 나무 나이테에서 그가 원하는 자료만을 선택적으로 택하고, 같은 지역에서 그가 의도한 결과를 보여주지 않는 훨씬 더 많은 나무 자료들은 무시했다.

둘째, 캐나다의 두 연구자는 마이클 만이 사용한 수학적 및 통계학적 방법론을 상세히 검토한 결과 다수의 심각한 오류가 있음을 폭로했다(McIntyre, 1998). 놀랍게도 두 과학자가 만의 공식에 어떤 데이터를 대입하든 변함없이 '하키 스틱' 그래프가 나타났다. 결국, 그 연구자들은 만이 지구의 기온 변화를 하키 스틱으로 재현한 것은 '주로 조악한 데이터 처리, 시대에 뒤떨어진 데이터, 주요 성분의 잘못된 계산에서 나온 인위적 조작'이라고 결론지었다.

하키 스틱 그래프에서 중세 온난기가 나타나지 않았다는 사실은 당시 기온이 실제로 낮았던 것이 아니라, 단지 나무 나이테의 기온 대리 값은 신뢰할 수 없다는 것을 의미할 뿐이다.

— 존 크리스티(John Christy) 교수,
앨라배마대학교(University of Alabama) 헌츠빌(Huntsville) 분교 지구시스템센터 소장,
2001년 3월 31일 미국 하원 증언에서(Steyn, 2015)

만의 하키 스틱 그래프는 실로 신뢰도가 엄청나게 떨어지게 되었다.

— 해미쉬 캠벨(Hamish Campbell) 박사,
뉴질랜드 지구 및 핵 과학 연구소(Institute of Geological and Nuclear Sciences) 지질학자

우리는 이제 하키 스틱 그래프가 사기임을 알게 되었다.

— 마이클 폭스(Michael Fox) 박사,
아이다호주립대학교(Idaho State University) 화학 교수(Steyn, 2015)

다음 절에서 관측된 물리 데이터와 역사적 기록이 우리에게 기온에 관해 실제로 무엇을 말해주는지 알아볼 것이다. 또 마이클 만과 같은 기후 위기론을 주장하는 자들이 우리에게 믿도록 강요하는 것처럼 지금의 지구 온도가 정말로 비정상적이고 전례 없는 것인지에 관해서도 따져볼 것이다. 데이터를 보고 독자들이 각자 판단하기 바란다.

## 3.3. 기기 측정 기온 데이터

기기를 이용하여 기온을 직접 측정하는 방법은 표 II-1의 3가
지가 있지만, 각각의 방법에는 한계가 있다.

| 방법 | 시작 시기 |
|---|---|
| 육상 및 해양 표면 온도계 | 1659년 |
| 기상 관측 기구(Weather balloons) | 1950년대 중반 |
| 위성 | 1979년 |

| 표 II-1 | 기온 측정 방법과 시작 시기

인공위성은 가장 신뢰할 수 있는 기온 관측 도구이다. 지구의
거의 모든 부분을 커버하지만, 기록 역사가 매우 짧다. 기상 관측
기구(Weather Balloon)도 믿을 만하지만, 보통 육지에서만 사용할
수 있고 지금까지 측정된 기간이 60년 정도에 불과하다. 온도계
는 가장 긴 기록을 가지고 있다. 중부 잉글랜드 온도 기록(Central
England Temperature Record)이 1659년에 최초로 시작되었지만, 도
시화 증가와 같은 지역적 영향이 인위적인 국소적 온난화를 일으
킬 수 있으므로 정확도가 다소 제한적이다.

과거의 온도변화에 대한 기록으로는 위성에서 관측한 데이터
가 정확도 측면에서 다른 방법보다 좋지만, 위성은 40년이 채 못
되는 데이터를 제공하는 단점이 있다. 그 데이터는 최초의 기후
위성이 발사된 1979부터 시작하여 거의 20년(1979~1998) 동안의
온난화 추세를 보여준다(그림 II-3). 그 온난화 추세는 예외적으로

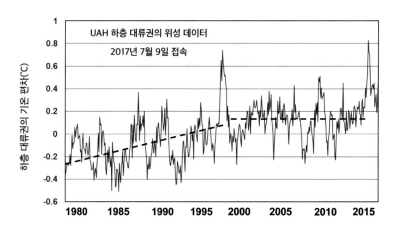

| 그림 II-3 | 1979년부터 위성에서 측정한 지구온난화(0.5°C 이하)(UAH 2017)

더웠던 1998년에 끝나고 이후 18년 동안 근본적인 변화는 거의 없는 평평한 형태를 보여준다.

위성에서 관측된 데이터만 사용하는 것은 기온 기록 기간이 짧기 때문에 다소 불충분하다. 게다가 최초의 기후 위성이 발사되었을 때 지구는 33년이나 되는 긴 냉각기를 막 벗어나고 있었다. 그 긴 냉각추세로 인해 최초의 위성 데이터는 1940년대 중반 이후 가장 추웠던 시기의 기온을 기록하고 있었을 가능성이 크다.

지구 표면에서 가장 오랜 기간을 기록한 두 개의 육상 온도계 데이터 세트가 영국 기상청(U.K. Met Office)에서 관리되고 있다. 이 두 데이터 세트는 1850년 이후 지속적으로 업데이트되고 있는 HadCRUT4와 1659년까지 거슬러 올라가는 세계적으로 가장 오랜 기간의 지역 기록인 중부 잉글랜드 온도 기록이다.

기후변화에 관한 정부 간 패널(IPCC)과 그 외 인간 활동과

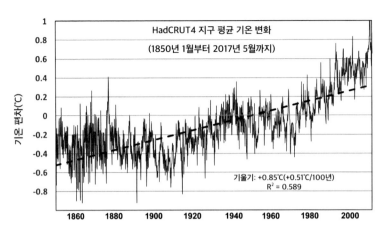

| 그림 II-4 | 온도계 측정 데이터는 1850년부터 2017년까지 0.85℃ 증가를 보여준다.
(HadCRUT4, 2017)

지금의 지구온난화 사이의 연관성을 지지하는 기관들은 Had-CRUT4 데이터(그림 II-4)를 사용한다. 그래프는 온도계로 직접 측정해서 기록된 1850년부터 2017년까지의 기온 데이터를 보여주며, 지난 167년 동안 전반적으로 약 0.85℃의 온난화 추세가 있었음을 알 수 있다. 중요한 점은 데이터 수집이 다수의 연구자들이 500년 이상 지속된 '소빙하기'가 거의 끝나 갈 무렵으로 추정하고 있는 1850년대 중반에 (그보다 더 이후) 시작되었다는 사실이다.

온난화는 세 번에 걸친 냉각기 또는 불변기(변화가 없는 시기) 사이에 일어났고, 두 번의 온난기가 있었다. 지금의 온난화가 세 번째가 될 수도 있지만, 그것은 시간이 지나면 알게 될 일이다.

IPCC와 그 외 기후 위기론 지지 그룹들은 훨씬 장기간의 데이터 사용이 가능하지만 비교적 단기간의 HadCRUT4 데이터 세트만을 사용하는 것은 다소 짧은 기간만을 고려하는 것이 이산화탄

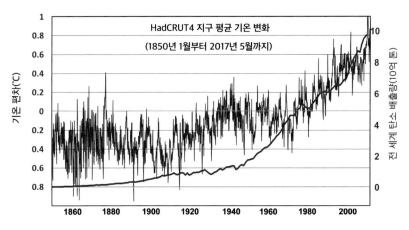

| 그림 II-5 | 온도와 탄소 배출량(1850~2013)
(온도: HadCRUT4, 탄소 배출량: Boden 2016)

소 증가와 온난화 사이의 인과관계를 주장하기가 더 쉽기 때문이
다. 만약 우리가 그림 II-4의 데이터를 검토하고 인간의 이산화
탄소 배출량을 추가하게 되면 이산화탄소 배출량 증가와 온도 상
승 사이에 연관성이 있을 수 있다는 합리적인 주장을 할 수 있다
(그림 II-5). 하지만 우리가 이 책의 이산화탄소에 관한 부분(제2장)
에서 보았듯이 모든 것은 주어진 조건에 따라 좌우된다.

앞의 그래프를 세밀히 검토하면 굉장히 불편한 두 가지 사실
이 드러난다. 제2차 세계대전이 끝난 직후까지도 이산화탄소의
배출량은 심하게 증가하지 않았다. 그러나 1945년 이후 70% 이
상은 기온이 떨어졌거나 변화가 없었던 기간이 포함되어 있다(그
림 II-6).

1945년부터 1979년까지 그리고 1998부터 2015년까지 두 번
의 오랜 기간에 기온 상승이 멈추었거나 실제로 떨어졌다. 이러한

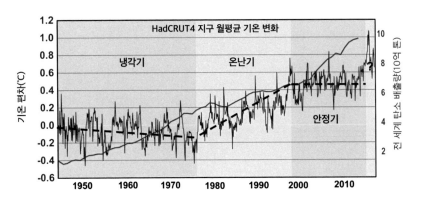

| 그림 II-6 | 1945년부터 2016년까지 기온 변화(냉각기, 온난기, 안정기로 이루어져 있다.)
(온도: HadCRUT4, 탄소: Boden 2016)

두 번의 오랜 기간 모두 이산화탄소는 증가했다. 인간에 의한 지구온난화(AGW: Anthropogenic Global Warming)를 옹호하는 사람들이 우리에게 믿게 한 것처럼 이산화탄소가 위험한 온난화를 유발한다면, 이산화탄소 농도가 엄청나게 상승했음에도 불구하고 2차세계대전 이후 그 기간의 70% 이상이 안정된 기온 상태를 나타내거나 심지어 기온이 떨어지는 현상이 나타나는 이유는 무엇일까? 이 사실 자체만으로도 합리적인 사고를 가진 사람이라면 인간에 의한 이산화탄소가 급진적이고 위험한 지구온난화를 일으켰다는 어리석은 믿음을 옹호하는 자들의 주장이 타당한지 의문을 제기해야만 한다.

1998년부터 시작하여 거의 18년 동안 온난화가 멈췄다. Had-CRUT4 데이터 세트(그림 II-7)에 따르면 1976년부터 시작된 지구온난화가 설명할 수 없는 이유로 갑자기 멈췄다. 이 현상은 위성과 기상관측기구 데이터도 잘 보여주고 있다. 지구온난화 이론에

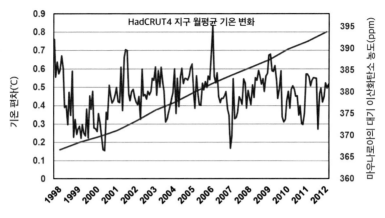

| 그림 II-7 | 불편한 온난화 멈춤: 이산화탄소가 증가했음에도 18년간 온난화는 일어나지 않았다.(온도: HadCRUT4, 이산화탄소: Tans 2017)

따르면 인류의 지속적인 이산화탄소 배출로 지구의 대기는 계속 더워져야 한다. 하지만 이산화탄소가 끊임없이 증가하고 있음에도 거의 18년 동안 온난화는 멈췄다.

**불편한 사실 10**　　**최근 18년 동안 이산화탄소가 증가하고 있음에도 불구하고 온난화가 멈췄다.**

기후 위기론을 이끌어 온 지도부들은 자신들이 확실하다고 여겼던 이론이 어떤 알 수 없는 이유로 인해 더 이상 말이 안 된다는 것을 깨닫고는 자신들의 용어를 변경해야만 했다. 그래서 온난화가 일어나지 않았던 이 긴 기간에 '지구온난화'는 포괄적인 의미의 '기후변화'로 바뀐 것이다. 이제 일상적인 수준을 넘는 그 무엇이든 인간에 의한 기후변화로 돌릴 수 있다. 기후도 야구게임처럼 언제든 일상적이지 않은 기록이 나올 수 있다. 기후란 원래 변덕이 심하다. 그래서 일상적 수준에서 벗어나는 것도 일상적이다.

가장 최근의 데이터에 근거하면 이 불편한 온난화 멈춤은 2015년에 끝났을 것 같다. 이것은 위성 데이터 검토로 재확인되었다. 장기간의 데이터를 통해서 알 수 있겠지만, 추가로 일어나는 온난화가 최소한 금세기 일부 기간 계속되더라도 IPCC에서 예측하는 수준까지는 아닐 것이다.

> 예측은 정말 어렵다, 특히 미래에 대해서는
>
> — 요기 베라(Yogi Berra), 미국 유명 야구선수

> 온난화 멈춤에 관해 설명할 수 없다면, 그 원인 또한 설명할 수 없다.
>
> — 하키 스틱(The Hockey Schtick),
> 기후변화 블로그(https://hockeyschtick.blogspot.com)

그림 Ⅱ-7에 제시된 최근 약 18년간의 불편한 온난화의 멈춤 (안정기)에 관해 엄청난 관심이 쏟아졌고 당연히 그럴 수밖에 없었다. 이것은 매우 최근의 일이고 위기론자들이 예측을 통해 추진하려는 의도와 모순되는 것으로 보인다. 이 불변기만큼 중요하지만 지난 1944년부터 1976년까지 33년 동안의 뚜렷한 지구 냉각기는 많이 논의되지 못했다. 이 냉각기에는 제2차 세계대전 이후 전 세계 산업 활동이 활발해지면서 이산화탄소 농도가 급격히 증가하고 있었다(그림 Ⅱ-8).

1970년대에 지질학을 공부하면서 나는 제2차 세계대전 이후 계속된 냉각기를 근거로 우리가 또 다른 빙하기를 향해 갈 것 같다는 내용을 배웠다. 그리고 지금 우리가 처해 있는 간빙기가 그

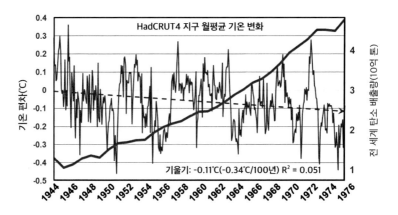

| 그림 II-8 | 제2차 세계대전 후 33년 동안 이산화탄소는 급격히 증가했으나 기온은 떨어졌다.(기온: HadCRUT4 2017, 이산화탄소: Boden 2016)

이전에 있었던 간빙기(온난기)보다 더 오래 지속되고 있다는 사실도 배웠다. 이러한 사실은 모두가 인정하는 '확정된 과학'으로 간주되었다. 이것은 다음 빙하기가 있느냐 없느냐 문제가 아니라 언제 올 것인가에 관한 문제였다.

**불편한
사실11**

**제2차 세계대전 후 이산화탄소는
증가했으나 기온은 떨어졌다.**

그러한 사실들은 최근 수년 수개월 동안 과거 빙하 시대에 관한 연구를 통해 드러났다. 드러난 사실들은 새로운 빙하기라는 위협적인 존재가 이제 핵전쟁과 함께 인류의 종말과 불행의 원천이 될 가능성이 있음을 암시한다.

— 나이젤 칼더(Nigel Calder), 영국 과학저술가, 1975년

지금의 추세가 계속된다면, 2000년경에는 세계는 화씨 11도 (6.9℃)나 더 추워질 것이다. 이것은 지금보다 두 배가량 더 추워져서 인류는 새로운 빙하기를 맞이하는 것이나 다름없다.

— 케네스 와트(Kenneth Watt), 캘리포니아대 데이비스캠퍼스 생태학 교수,
1970년 제1회 지구의 날 기념식에서


오늘날의 지구온난화 지지자들도 지난날의 지구냉각화 지지자들과 마찬가지로 신념은 확고하지만, 그들 역시 잘못되었음이 밝혀질 것이다.


**불편한 사실12**　　**지금의 온난화는 SUV 자동차나 석탄화력발전소가 나오기 훨씬 전에 이미 시작되었다.**


우리가 이산화탄소에 관해 마지막 부분에서 봤듯이, 기후 논쟁에서도 모든 것은 주어진 조건에 따라 좌우된다.

앞에서 나는 만약 지구 온도에 대한 마이클 만의 모델링이 정확하고, 900년 동안의 냉각기에 이어 20세기에 급격한 기온 상승이 일어났다면, 이것은 인간의 활동으로 인해 현대 온난화가 일어났다는 강력한 증거가 될 것이라고 기술했다. 만의 주장에 대한 반증이 될 수 있는 것은 이산화탄소가 급격히 상승하기 이전에 이미 현대 온난화가 진행되었음을 나타내는 데이터일 것이다. 그 데이터는 자연현상이 1900년 이전까지 온난화의 주 원동력이었으며 오늘날까지도 여전히 작용하고 있음을 제시할 것이다.

## 3.4. 가장 확실한 증거들

지금부터 나오는 그래프들은 이 책의 전체 내용 가운데 가장 중요할 것이다.

여기서 보여주는 그래프들은 현재의 기온 상승 추세가 누군가 최초로 모델T 자동차(자동차 대중화의 상징, 미국 포드사가 1908년부터 1927년까지 생산 판매함)를 운전하고 식료품점으로 가기 훨씬 이전, 그리고 이산화탄소 농도 수치 300ppm을 돌파하기 아주 오래전에 이미 시작되고 있었음을 결정적으로 보여주고 있다. 소빙하기에 이어 시작된 온난화는 지난 20세기에 이산화탄소 농도가 상승하기 훨씬 이전이라는 점을 뒷받침해주는 다양한 증거들이 있다. 이 불편한 데이터는 인간이 재앙적인 온난화를 일으킨다는 엉터리 이론을 마침내 폐기 처분할 여러 가지 증거들 중 일부다.

중부 잉글랜드의 온도 기록(HadCET)은 350년 이상이나 거슬러 오르는 세계에서 가장 오랫동안 연속 측정된 지역적인 기온 데이터 세트다. 앞으로 알게 되겠지만, IPCC가 이 장기간의 기록을 널리 알리게 되면 인간 활동에 의한 온실가스와 해로운 기온 상승을 연관 지으려는 그들의 근본적인 취지는 스스로 수족을 절단하게 되는 꼴이 되고 말 것이다. 또 이 장기간의 기록은 20세기까지 기온이 꾸준히 감소하고 있다가 갑자기 이산화탄소로 인한 온난화가 일어나는 만(Mann)의 하키 스틱 그래프의 신뢰도를 완전히 떨어뜨리게 될 것이 틀림없다.

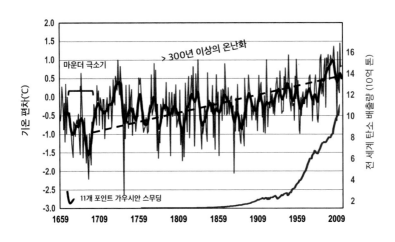

| 그림 II-9 | 1695년부터 2017년까지 300년 이상 중부 잉글랜드에서 관측된 온난화
(온도: Parker 1992, 이산화탄소: Boden 2016)

중부 잉글랜드의 기록(그림 II-9)은 지난 4,500년 동안 가장 추운 시기였던 1659년에 시작됐다. 최초의 데이터는 마운더 극소기(Maunder Minimum)라 불리는 1670년부터 1715년까지 극한의 추위가 있었던 기간에 기록되었다. 마운더 극소기는 혹한은 태양의 활동이 급격히 감소하는 시기와 일치한다는 것을 발견한 런던 그리니치 왕립 천문대의 연구원이었던 에드워드 마운더(Edward Maunder)의 성을 따서 부쳐진 시기다. 마운더 극소기는 600년에 걸친 소빙하기(1250~1850) 중 가장 추웠던 시기로서 기근, 흉작, 질병 및 수많은 인명 손실이 있었다.

앞으로 알게 되겠지만 인류는 역사적으로 추운 시기에는 심한 고통을 당해왔다. 소빙하기도 예외는 아니었다. 1600년대 후반부터 기온이 조금씩 올라가기 시작한 기후는 당시 사람들에게 환영받을 만한 구세주였다.

소빙하기 때 가장 많은 고통을 겪었던 북유럽 사람들(예를 들어 아이슬란드는 인구의 절반이 사망함)은 당시 점차 따뜻해지는 것을 느낄 수 없었다. 하지만 17세기 말에 시작되어 인간에게 혜택을 주던 온난화는 약 300년이 지난 후 기후 위기론자들이 인간이 배출한 위험한 온실가스가 온도를 상승하게 했다고 주장하는 데 이용되었다.

18세기로 접어들면서 시작된 현대 온난화는 300여 년이 지난 오늘날에도 계속되고 있다. 수많은 생명을 앗아간 소빙하기의 혹한으로부터 서서히 따뜻해지는 현상을 토니 브라운(Tony Brown, 2011)은 '길고도 느린 해빙'이라 불렀다. 이것은 적절한 표현이다.

온난화는 인간 활동에 의한 이산화탄소가 대기에 어떤 특별한 영향을 미치기 훨씬 이전인 200년 전에 이미 시작됐다. 이 초기 온난화는 완전한 자연현상이었을 뿐만 아니라 이 기간에 있었던 지속적인 냉각기를 묘사한 만(Mann)의 하키 스틱 그래프와도 정면으로 대립된다. 18세기와 19세기의 온도 상승을 일으킨 그 자연의 힘은 20세기 초에 이르러 갑자기 활동을 멈추지는 않았다.

| 불편한 사실13 | 온난화를 입증하는 빙하 융해와 해수면 상승은 이산화탄소가 증가하기 훨씬 전에 시작되었다. |
| --- | --- |

빙하 융해와 해수면 상승은 온난화의 직접적인 결과다. 인간에 의해 재앙적 온난화가 일어났다고 하는 자들은 이러한 현상을 날씨가 더워지고 있다는 증거로 자주 인용하고 있다. 하지만 그들에게는 불편하게도, 그 증거의 실체는 해수면 상승과 빙하 융해는

인간 활동으로 크게 상승했다는 이산화탄소가 영향을 미치기 훨씬 이전에 이미 시작되었음을 보여주고 있다. 해수면 상승과 빙하 융해는 1695년부터 시작된 자연현상으로 인한 온난화의 직접적인 결과다.

약 1250년경 기온은 소빙하기 수준에 이를 정도로 내려가기 시작했으며, 불과 몇십 년 안에 그 한파는 남반구와 북반구를 빙하로 덮기 시작했다(Grove, 2001). 점차 확장되는 빙하는 당시 주민들에게 심각한 결과를 초래했고, 많은 마을이 파괴되었다. 예를 들어 프랑스 남동부의 샤모니(Chamonix) 지역은 경작 가능한 토지 3분의 1이 눈사태, 폭설, 얼음으로 인해 소실된 것으로 추정된다(Fagan, 2000).

이러한 사건들은 당시 주민들에게 심각한 부정적인 영향을 미쳤기 때문에 빙하가 늘어나고 줄어드는 현상에 관한 상세한 기록이 보관되기 시작했다. 이러한 기록들은 우리가 수백 년 전에 있었던 빙하의 상태를 매우 정확하게 분석할 수 있게 해준다. 그림 Ⅱ-10은 전 세계 169개 지역의 빙하 길이에 관한 1950년까지의 기록을 요약한 것이다(Oerlemans, 2005).

우리는 지금의 온난화 추세가 17세기 후반에 시작된 것을 보았다(그림 Ⅱ- 9). 하지만 빙하는 여름에 얼음이 손실되는 양이 겨울에 축적되는 양을 초과할 정도로 대기가 아주 따뜻해지기 전까지는 크기 감소가 시작될 수 없었다. 빙하의 '전환점'은 약 1800년경에 발생하여 1820년에 이르러서 빙하의 크기 감소는 극에 달했다. 그리하여 오늘날까지도 계속되고 있는 2세기 동안의 전 세계적인 빙하 크기 감소가 일어났다. 최근 수십 년 동안 인간이 기

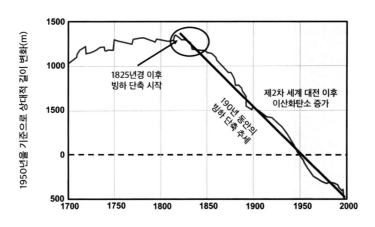

| 그림 II-10 | 200년간의 빙하 면적의 감소(Oerlemans 2005)

후에 영향을 미치고 있음에도 불구하고, 빙하의 감소 속도가 가속화되지는 않았다.

빙하는 인간이 배출한 상당량의 이산화탄소가 대기 중에 축적되기 적어도 1세기 전, 그리고 마이클 만의 하키 스틱 그래프가 온난화가 시작되었다는 것을 보여주기 거의 1세기 전에 이미 줄어들기 시작했다.

기후 위기론자들의 주장을 폐기 처분할 또 하나의 증거가 되었다.

해수면과 빙하의 증감은 서로 밀접하게 연관되어 있다. 빙하가 증가할 때 육지에 물이 얼음으로 갇히게 되어 해수면은 낮아진다. 그와 반대로 온난화로 빙하가 녹으면 바다로 흘러들어 해수면이 상승한다. 다시 말하지만, 우리는 IPCC와 마이클 만이 우리에게 해수면이 틀림없이 상승했다고 말하기 이미 100년 전에 해수면 상승이 시작되었음을 알 수 있다(그림 II-11).

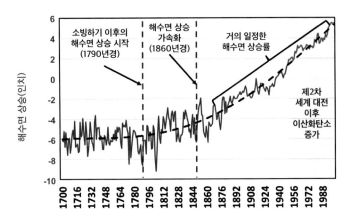

| 그림 II-11 | 200여 년의 해수면 상승(Jevrejeva 2008, PSMSL 2008)

여러 경로의 추론에서 나온 결정적인 증거는 마이클 만의 하키 스틱 그래프와는 달리 온난화가 300년 전에 시작되어 소빙하기 종말의 시동을 걸었다는 것을 보여준다.

그렇다면 이 온난화는 이례적이거나 전례가 없는 것이었나? 그림 II-12는 빙핵과 호수 퇴적물과 같은 다양한 대리 추정치를 사용하여 재구성된 온도 기록을 편집한 것이다. 로홀(Loehle, 2008)은 나무의 나이테 이외의 자료를 사용하여 과거 2,000년간의 데이터 시리즈에 관련된 18개의 검증된 연구를 종합했다. (저자는 마이클 만이 하키 스틱에 사용한 나무의 나이테 데이터가 장기간의 기후변화에 관한 정확한 자료를 파악할 수 없다는 이유로 자신의 자료 요약에서는 나이테 데이터는 제외했다.)

만의 하키 스틱과 직접적으로 상반되는 로홀 박사의 데이터는 중세 온난기와 소빙하기가 있었다는 사실을 확인시켜주고 있다. 그뿐만 아니라 이 데이터에서는 그림 II-9의 중부 잉글랜드의 관

| 그림 II-12 | 2,000년 동안의 기온 데이터(Loehle 2008ab)

측 자료에서 나타나고 있듯이 지금의 온난화 추세가 이미 300여
년 전에 시작되었다는 것을 확인할 수 있다.

그는 자신의 추정 자료 모음을 다음과 같이 결론지었다.

중세 온난기와 소빙하기는 아주 분명하게 나타나며, 특히
중세 온난기에는 이러한 18개 지역의 기온은 20세기보다 약
0.3°C 더 따뜻했다.

## 요약

기후과학이 정치화되기 전에는 지난 수천 년 동안 지구의 자연 현상으로 빙하기와 온난기가 반복되었다는 것에 이견이 없었다. 1990년 기후변화에 관한 정부간 패널(IPCC)의 제1차 보고서에도 그렇게 나와 있다. 마이클 만(Michael Mann)이라는 무명의 과학자가 1998년과 1999년에 논문 두 편을 각각 발표하면서 기후 논쟁은 시작됐다. 지금보다 더 따뜻했던 중세 온난기와 이후 찾아온 소빙하기를 삭제한 하키 스틱 그래프가 만들어졌고, 이것이 2001년 IPCC의 제3차 보고서와 앨 고어의 영화와 저서 『불편한 진실』에 인용되면서 지구 종말 증후군이 등장하기 시작했다. 그리고 기후 대재앙의 원인으로 이산화탄소가 악마화됐다. 하지만 그들이 숨길 수 없었던 것은 지금의 온난화 추세는 이산화탄소가 지구 대기에 증가하기 훨씬 이전에 이미 시작되었다는 사실이다. 또 이산화탄소가 급증하고 있었던 1944년부터 1976년까지 33년 동안 뚜렷한 냉각기가 있었고, 1998년부터 거의 18년 동안 온난화가 멈췄다. 그러자 2005년경에 지구온난화라는 용어는 포괄적인 의미의 기후변화로 바뀌었다.

# 제4장 지질 시대와 고기후
### - 불가마와 얼음집

현재 진행되는 온난화를 지질 시대의 고기후 자료에 적용하게 되면 지금 우리의 기온이 비정상적이라기보다는 지구의 오랜 옛날 기후 현상과 유사하다는 사실을 이해하는 열쇠가 된다. 다행스럽게도 우리는 남극과 그린란드의 빙핵에서 관측한 매우 상세하고 정밀한 지구의 옛날 기온 데이터가 있다. 남극에서 채취한 빙핵의 데이터는 81만 년 전까지 거슬러 올라가고, 그린란드의 몇몇 빙핵은 15만 년 이상의 귀중한 데이터를 제공한다.

이 책은 과학자를 위한 것이 아니기 때문에 어떻게 얼음에서 얻은 데이터로 기온을 계산하는지 자세히 다루지는 않을 것이다. 원리를 간단하게 설명하면, 수소의 두 동위원소 비율이 당시 내린 눈의 무게에 눌려 갇혀버린 공기 방울의 온도를 알려주는 가이드로 사용된다. 이 방법으로 온도를 측정하는 과학적인 근거는 확고하며, 알려진 최근 온도와 비교를 통해 검증되었다.

## 4.1. 80만 년 전까지

우선 추정 가능한 가장 오래된 빙핵의 역사를 살펴보자. 그 데이터는 남극에서 시추한 빙핵에서 채취되었다. 그림 Ⅱ-13은 80만 년 동안의 온도 데이터를 보여준다. 10만 년 주기의 빙하기와 빙하기 사이의 온난기가 뚜렷이 나타나고 있다.

| 불편한<br>사실14 | **기온은 80만 년 동안 변화해 왔다. 원인은 인간이 아니었다.**<br>(이 불편한 사실은 자주 반복되고 널리 알려져야 한다.) |
|---|---|

빙하기는 70,000~125,000년 동안 지속하는 반면 따뜻한 간빙기(온난기)는 10,000~15,000년 정도 나타난다. 중요한 것은 우리는 지금 이번 간빙기의 11,000년경에 접어들었다. 그래서 현재의 간빙기는 앞으로 100년 안에 종식될 수도 있고, 아니면 추가로 몇천 년 더 지속할 수도 있다는 것이다. 아무튼, 지금 우리가 누리고 있는 간빙기의 따뜻한 기온은 머지않은 미래(지질학적인 관점에

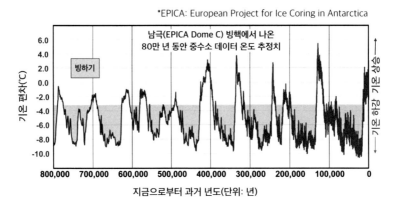

| 그림 Ⅱ-13 | 과거 80만 년 동안의 기온 등락 (Jouzel 2007a)

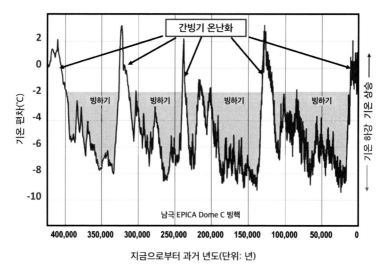

| 그림 II-14 | 지난 40만 년 동안의 기온 등락(Jouzel 2007a)

서)에 언젠가는 끝이 날 것이다. 다음 빙하기가 우리에게 닥치게 되면 농작물 흉년, 기근, 추운 지방에서 따뜻한 곳으로 대량 이민, 전례 없는 인구 감소를 동반하는 말 그대로 기후 대재앙이 될 것이다.

다음 빙하기가 언제라도 도래할 수 있다… 방한복을 처분하지 말라.

**불편한 사실15** | **간빙기는 보통 10,000~15,000년 동안 지속하며, 지금의 간빙기는 11,000년이 되었다.**

40만 년 전으로 거슬러 올라가는 지난 네 번의 빙하 사이클을 자세히 보면 여실히 더 잘 드러난다(그림 II-14). 이제 여러 가지 불편한 사실들이 쌓이기 시작한다.

| 불편한<br>사실16 | **지난 4번의 간빙기에 있었던 각각의 온난기는<br>지금보다 훨씬 더 더웠다.** |
|---|---|

| 불편한<br>사실17 | **약 12만 년 전에 있었던 마지막 간빙기는<br>지금보다도 8℃나 더 더웠다. 북극곰은 생존해 있었고<br>그린란드는 녹아내리지 않았다.** |
|---|---|

닐스 보어 연구소(Niels Bohr Institute)의 최근 연구는 에미안 (Eemian)으로 불리는 이전의 간빙기 동안 그린란드에 쌓인 얼음을 대상으로 한 첫 번째 시도였다(Dahl-Jensen, 2013). 연구 결과는 기후 종말론을 조장하는 사람들에게는 매우 불편한 것이었다. 그 결과 130,000~115,000년 전의 에미안 간빙기는 예전에 생각했던 것보다 훨씬 더 따뜻했음이 밝혀졌다. 실제로 그 당시의 온도는 오늘날보다 8℃나 더 더웠다. 이것이 함축하는 의미는 실로 엄청나다.

에미안 간빙기의 기온이 IPCC의 가장 공격적인 예측보다 섭씨 2.5도나 더 높았음에도 그린란드 빙하는 전체의 25%가량만 유실되었다. 이 정도 유실은 상당한 규모였지만, 위기론자들이 온난화가 아주 적게 일어났을 경우도 빙하 전체가 사라진다고 예측한 것보다 훨씬 적은 크기다. 또한, 북극곰은 약 15만 년 전에 진화하여 극지방의 얼음이 거의 없었던 에미안 간빙기(온난기)에도 살아남았다. 그 사실 자체만으로도 인간 활동으로 인한 약한 온난화로 북극곰이 멸종 위기에 처해 있다는 이론은 신빙성이 없다.

가장 최근의 IPCC 요약 보고서에서는 에미안 간빙기보다 훨씬 낮은 온난화로 인해 그린란드 빙상이 완전히 사라질 것으로 예측했다.

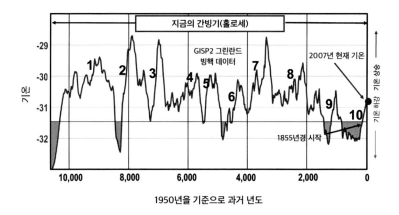

| 그림 II-15 | 축복받은 10,000년의 온난한 날씨
(과거 기온: Alley 2004; 현재 기온: Box 2009)

기후 모델은 그린란드 지역에 연평균 기온 3℃ 이상의 온난
화가 천 년 동안 지속한다면 사실상 그곳 빙상은 완전히 녹
아 없어질 것으로 예측하고 있다.

그렇지 않으면.

그림 II-15는 지금의 간빙기가 시작되는 시점까지 거슬러 올
라가는 그린란드 빙상 프로젝트(GISP2: Greenland Ice Sheet Project)
에서 나온 지난 10,000년 동안 자료를 자세히 살펴본 것이다. 이
그래프는 지구온난화 공포가 단지 그것을 만들어 낸 사람들에게
이익이 되고 나머지 사람들에게는 엄청난 비용을 치르게 하는 상
상 속의 괴물이라는 사실을 마침내 일깨워줄 것이다.

만약 마이클 만, 앨 고어, 그리고 그 외 기후 재앙 옹호자들이
현재의 온난화 추세가 '비정상적이고 전례 없는 것'이라는 것을
증명할 수 없다면, 그들이 부풀려온 위기론에 대한 근거가 없어지

는 것이다. 그림 Ⅱ-15는 지금의 온난화는 비정상적이지도 전례가 없는 것도 아니라는 가장 유력한 증거가 될 수 있다. 오히려 이것은 지난 1만 년 동안 있었던 9차례의 온난화 경향과 매우 유사하다. 이 그래프는 '지구온난화 위기론자가 틀린 이유' 목록의 첫 번째가 되어야 한다. 이 그림에서 그린란드 빙상 프로젝트(GISP2)라 알려진 빙핵 채취 현장의 현재 기온은 오하이오주립대 연구진의 결과에서 예측한 것이다(Box, 2009).

그 문제의 데이터도 지금의 간빙기 온난 기간 중 6,100년 (또는 60%) 이상이 우리가 살아가는 오늘날보다도 따뜻했음을 보여주고 있다. 마지막 빙하기가 끝난 후 9차례의 두드러지는 온난화 기간이 있었는데, 그중 5차례는 지금 간빙기보다 더 높은 온도 상승률을 나타냈고(그림 Ⅱ-16), 그중 7회는 기온이 지금보다 높았다. 더구나 이전에 있었던 각 온난화 사이클은 오늘날보다도 상당히 높

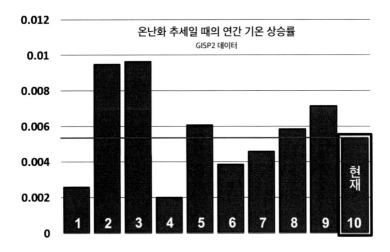

| 그림 Ⅱ-16 | 과거 5차례의 온난화 시기는 오늘날보다 온도 상승률이 더욱 높았다.
(Alley 2004)

은 온도를 기록했다. 이 그래프(그림 Ⅱ-15)에 따르면 지금 우리가 겪고 있는 온난화 추세는 다행스럽게도 소빙하기를 벗어나는 자연스럽고 예측 가능한 현상인 것이 명백하다.

특이하다고? 전례 없는 일이라고? 아니다, 그럴 수 없는 일이다.

이 10,000년 동안의 자료로부터 불편한 사실들이 지금 빠르고 격렬하게 드러나고 있다.

| 불편한<br>사실18 | **지난 1만 년 동안의 기온 변화는<br>인간에 의한 것이 아니다.** |
|---|---|
| 불편한<br>사실19 | **오늘날의 전체적인 온난화 현상과 속도는<br>과거에 있었던 것과 별 차이가 없다.** |
| 불편한<br>사실20 | **지난 1만 년 가운데 6,100년가량은<br>오늘날보다 기온이 높았다.** |
| 불편한<br>사실21 | **지금의 온난화 추세는 특이하거나<br>전례 없는 현상이 결코 아니다.** |

기온이 항상 일정하게 유지되는 일은 거의 없다. 기온은 상승하거나 내려가거나 둘 중 하나이며 그러한 경향이 아주 뚜렷하게 나타나기도 한다. 지난 10,000년 사이 9차례의 뚜렷한 온난화 추세가 있었다. 이런 온난화 추세는 오늘날과 유사하지만 모든 시기가 오늘날보다 훨씬 높은 기온을 기록한 채로 끝났다. 역사 수업 시간 내내 졸았다고 하더라도 이전에 있었던 온난화 시기에는 중국에 SUV차나 화력발전소가 없었다는 것은 짐작할 것이다. 어찌

되었든 기온은 오르기도 하고 내려가기도 했다. 지구의 온난화와 냉각화는 자연현상이며, 그 자연적인 발생 원인은 산업혁명이 발생했다고 해서 갑자기 중단되지 않았다.

과거를 통해 미래를 추정해본다면 인류는 다음 냉각기로 들어가기 전에 자연 발생적인 온난화를 좀 더 보게 될 것이다. 인류를 위해 다음 냉각화가 너무 빨리 일어나지 않기를, 그리고 인류를 다음 빙하기로 몰고 가지 않기를 바란다.

## 4.2. 수억 년 전까지

빙핵의 데이터는 지금의 10만 년 빙하기 주기가 시작된 이래 우리가 겪고 있는 현재 기온 추세가 다른 시기와 어떤 차이가 있는지에 관해 많은 것을 밝혀냈다. 500만 년의 데이터(Lisiecki, 2005)는 전반적으로 우리 행성이 오랜 기간 기온이 내려가고 있었음을 보여준다. 350만 년 전에 처음 시작된 빙하기가 지금까지 46회 연속으로 발생했다.

점차 기온이 내려가는 이 오랜 추위는 41,000년 주기의 빙하기로 시작되었고, 이 기간 33차례의 각각 분리된 빙하기가 있었다. 이 기간이 끝난 후, 지난 125만 년 동안에는 좀 더 추운 100,000년 주기의 빙하기가 있었다. 이 시기에는 전형적으로 90,000년 동안의 빙하기와 10,000년 동안의 간빙기가 13차례 반복되었다(Carter, 2011).

## 지구 궤도와 기울기는
## 빙하기와 간빙기의 변화를 일으킨다.

빙하기와 간빙기의 주기는 지구 축의 기울기와 궤도의 모양이
변화함에 따라 결정된다. 그리고 이 두 가지는 예측 가능한 주기
로 변화한다. 지구 타원 궤도의 편심률(Eccentricity: 궤도 모양이 완
전한 원형에서 벗어난 정도)은 100,000년 주기로 변화한다. 지구 축
의 기울기(Obliquity: 기울어진 각도)는 41,000년을 주기로 변화한
다. 지구는 또한 26,000년 주기로 흔들리는데 이로 인해 '세차 운
동(Precession of the Equinoxes)'이라는 현상이 일어난다. 이 세 가
지 주기는 원래 제임스 크롤(James Croll, 1821~1890)이라는 독학으
로 공부한 대학(스코틀랜드 글래스고 Andersonian University) 수위(경
비원)에 의해 발견되었는데, 지금은 모두 이것을 정교한 이론으로
만든 밀란코비치의 사이클(Milankovich Cycles)로 알려져 있다.

이 장기간에 걸친 천문학적인 변화는 지구의 오랜 역사에서
온난화와 냉각화를 일으키는 주된 요인이 이산화탄소 농도의 변
화가 아니었음을 말해준다.

그림 Ⅱ-17은 지난 150년간의 지구온난화에 지나치게 조바심

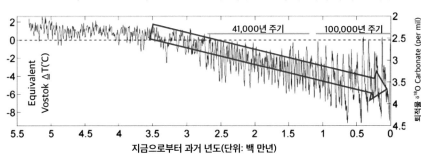

| 그림 Ⅱ-17 | 350만 년 동안의 기온 하강 추세(Lisiecki 2005, Rohde, Global Warming Art)

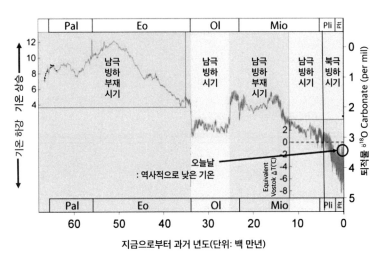

| 그림 II-18 | 6천5백만 년 동안 날씨는 오늘날보다 더 따뜻했다.
(Zachos 2001, Rohde, Global Warming Art)

을 내기보다는 기온이 수백만 년 동안 지속적인 하락 추세를 나타내고 있음에 대해 더욱 관심을 기울여야 한다는 사실을 추가로 확인시켜주는 것이다.

그림 II-18은 심해 퇴적물 코어의 산소 동위원소 기록으로부터 추정해낸 6,500만 년의 기온 데이터를 보여주고 있다. 이 기간의 대부분은 지구의 온도가 매우 높았기 때문에 남극과 북극에 얼음이 전혀 없었다. 단지 비교적 가까운 과거에는 북극에만 얼음이 있었다. 이 데이터를 근거로 하면 우리는 지난 6,500만 년 중 가장 추운 시기에 살고 있는 것이다(Robinson, 2012).

여러분은 재앙적인 지구온난화를 옹호하는 사람들로부터 우리가 사는 지금의 기온은 비정상적이고 전례 없는 것이라는 말을 듣게 될 것이다. 그들의 말이 절대적으로 옳은 점도 있다. 우리는 지금 전례 없는 추운 시기에 살고 있다!

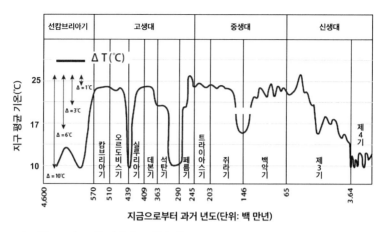

| 그림 II-19 | 40억 년의 온도 데이터(Scotese, 2002)

그림 II-19는 스코테스(Scotese, 2002)의 자료를 인용한 것으로 40억 년 이상의 기온 변화를 보여주고 있다. 이 그래프는 지금의 지구는 역사상 가장 추운 시기에 있음을 밝혀준다. 적어도 지난 2억 5천만 년 동안 어떠한 지질학적 시기도 지금의 제4기만큼 추운 적이 없었다.

어느 방향으로든 10°C 이상의 기온 변화는 일반적이었다. 지구 역사의 수백만 년 관점에서 보면, 최근 증가한 0.8°C는 미미한 것이다. 이 정도 변화는 아주 일시적인 깜박 신호로 그래프에 간신히 표시될 정도다.

불편한 사실들은 이 장기간의 데이터로 인해 계속 빠르게 나타나고 있다.

**불편한 사실23**  **우리는 지구 역사상 가장 추운 기간 중 한 시기에 살고 있다.**

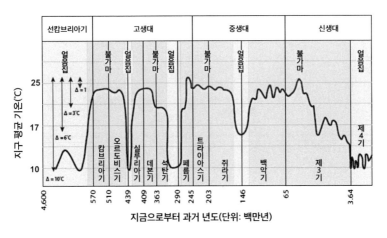

| 그림 II-20 | 얼음집과 불가마를 오가는 변동(Scotese, 2002)

**불편한 사실24**　**지구 역사에서 지난 2억 5천만 년 동안 이처럼 추운 시기는 없었다.**

**불편한 사실25**　**지난 6억 년 동안 기온에 관해 변함없는 단 한 가지는 기온이란 끊임없이 변화하고 있다는 것이다.**
(이것은 반복해서 나타나는 불편한 사실이다.)

**불편한 사실26**　**지구 역사의 대부분 기간은 오늘날보다 약 10°C가량 더 따뜻했다.**

지난 40억 년의 데이터를 검토해보면 지구는 보통 매우 덥거나 매우 추웠으며, 매우 더운 '불가마(Hothouse)'와 같은 상태와 매우 추운 '얼음집(Icehouse)' 또는 '눈덩이 지구(Snowball Earth)'와 같은 상태를 오갔다는 사실을 알 수 있다(그림 II-20). 더운 기간에는 고온이 지배적이었으며 얼음은 거의 나타나지 않았다. 현재와 같은 추운 시기의 지구는 오랜 기간의 빙하기와 다소 온난하지만, 여전히 양극 지방에는 엄청난 빙상이 있는, 빙하기보다는 짧은 간빙기를 규칙적으로 반복한다. 현재의 '얼음집' 상태는 350만 년 동안 계속되었다. 운 좋게도 우리는 현재 축복받은 따뜻한 온난기에 있다. 우리는 지금의 온난기에 감사해야 한다.

## 요약

지구의 고기후를 살펴보면 지금의 온난화가 인간에 의한 것이 아니라는 사실을 알 수 있다. 기후과학은 다행스럽게도 남극과 그린란드의 빙핵으로부터 매우 상세하고 정밀한 지구의 옛날 기온을 측정할 수 있다. 남극 빙핵은 81만 년 전까지, 그리고 그린란드 빙핵은 15만 년 이상의 기온을 제공한다. 측정 기온에 따르면 10만 년 주기의 빙하기와 빙하기 사이의 온난기가 뚜렷이 나타나고 있다. 빙하기는 70,000~125,000년 동안 지속하는 반면 간빙기(온난기)는 10,000~15,000년 정도 나타난다. 지금 우리는 간빙기 11,000년경에 접어들었다. 이 간빙기의 따뜻한 기온은 머지않은 미래에 끝이 날 것이다. 다음 빙하기가 지구에 닥치게 되면 인류는 전례 없는 기후 대재앙을 겪게 될 것이다. 지금 우리는 운 좋게도 축복받은 온난기에 있다.

# 미래 기후 예측
## - 정확, 부정확, 또는 무의미

제5장

데이터는 중요하지 않다. 우리는 이산화탄소 배출량 감축 제안을 데이터에 근거하지 않는다. 우리는 기후 모델에 근거한다.

— 크리스 폴랜드(Chris Folland), 영국 기상청

우리는 모델을 정확한 사실을 묘사하는 것으로 여길 것이 아니라 도움이 되는 무엇을 제공하기 위한 편리한 가설(Convenient Fiction)로 봐야 한다.

— 데이비드 프레임(David Frame), 옥스퍼드대학교 기후 모델 전문가

## 5.1. 기후 모델

경제학자 비외른 롬보르(Bjorn Lomborg)는 최근 논문에서 지구 온난화를 막기 위한 대책에 드는 비용이 연간 1조 5000억 달러가

될 것으로 추산했다. 그렇다면 이 엄청난 비용을 들여 예상되는 결과는 무엇인가?

MAGICC(Model for the Assessment of Greenhouse Gas Induced Climate Change: 온실가스로 인한 기후변화 평가 모델)이라는 시뮬레이터를 이용한 롬보르의 계산에 따르면 2100년까지(세계 모든 국가가 기후협약을 지켰다는 낙관적 가정하에서) 지구 온도는 최대 0.17℃ 정도 낮아질 것이다. 이는 화씨 1도(0.556℃)의 절반 이하(0.31℉)이며, 지구 온도를 화씨 0.1도 줄이는 데 42조 달러가 드는 것이다. 나는 이것이 별로 좋은 투자가 아닐 것이라 생각한다.

왜 우리는 후손들이 빈곤으로부터 탈출할 수 있도록 도울 수도 있는 이 어마어마한 돈을 여기에 지출하려고 하는가? 이유는 상상 속의 기후 도깨비가 매우 복잡한 수학적 기후 모델로 미래의 심각한 기온 상승을 예측하여 옆에서 부추기기 때문이다. 이 책 후반부에 나오는 기후 대재앙과 관련된 많은 허구의 신화에서 알 수 있듯이, 예견된 종말론적인 사건들 가운데 어느 것도 지금은 명확하지 않다. 만약 우리의 정책 결정이 이러한 예측 모델을 근거로 한다면, 우리는 그 모델들이 미래 기온을 실제로 정확하게 예측할 수 있는지 알아내야 한다.

앨라배마대학교 헌츠빌 캠퍼스의 저명한 교수이자 앨라배마주정부 기후학자인 존 크리스티(John Christy)는 상상으로 만들어 낸 기후 종말론을 지지하는 데 사용된 모델의 타당성을 상세히 검토한 뒤 냉혹한 평가를 내놓았다. 그가 2016년 2월, 미국 하원의 과학우주기술위원회(Committee on Science, Space & Technology)에 제출한 증거에는 그 모델들이 온도를 얼마나 과대 추정했는지를

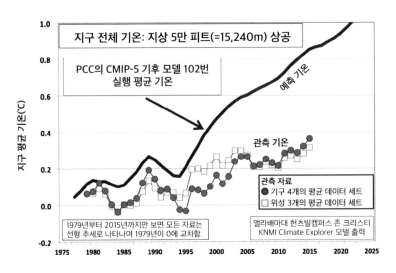

| 그림 II-21 | 모델 예측치와 실제 지구온난화 비교(Christy, 2016)

보여주는 놀라운 그래프가 포함되어 있다.

그림 II-21의 빨간색 선은 크리스티와 앨라배마대 연구팀이 IPCC가 신뢰하는 기후 모델을 사용하여 예측한 102번 실행 결과 평균을 보여주고 있다. 또 그 그래프에는 실제 관측된 기온도 제시되어 있다. 그 모델들은 실제 기온의 평균 2.5배 (또는 기후가 매우 중요한 열대지방은 3배) 더 더워지는 것으로 온난화를 과대 예측했다.

**불편한 사실27**　　**IPCC 모델은 온난화를 최대 3배까지 지나치게 과대 예측했다.**

크리스티의 연구 결과를 지지하는 패트릭 마이클스(Patrick Michaels) 카토 연구소(Cato Institute)의 과학부 연구책임자는 IPCC 2013년 요약서에 사용된 기후 모델의 시점을 1984년으로 되돌려

108회 실행한 결과를 비교했다. 그는 실제 지구에서는 100년에 1.7°C 더워짐에도 불구하고 모델 예측치들은 2.6°C나 더워지는 것으로 나타난 사실을 밝혀냈다. 이것은 어마어마한 차이다.

우리는 과학자들이 100년 앞 미래 온도를 예측하기 위해 복잡한 수식들을 변경하며 만든 고도의 컴퓨터 프로그램에 의존하고 있다는 사실을 알고 있다. 우리는 단 10일 후의 기온도 자신 있게 예측할 수 없다. 그런데 예측치와 관측치가 매번 틀리는 모델로 수조 달러에 달하는 위험이 걸린 기후 정책 세우기를 요구받고 있다.

복잡한 수식의 경계조건에 주어지는 아주 작은 오차는 그 식에 의해 확대되어 엄청나게 큰 결과 값의 차이를 가져온다. 이 나비 효과(Butterfly Effect, 예를 들어, 나비의 날갯짓과 같은 움직임)를 기후 예측에 적용하게 되면 장기간의 예측은 불가능하게 된다.

— 카오스(Chaos) 이론의 아버지,
에드워드 로렌츠(Edward Lorenz)박사가
현재 사용되고 있는 기후 모델에 관해 언급한 말

기후 연구와 예측 모델에서 우리는 비선형 혼돈 결합 시스템을 다루고 있기 때문에 미래의 기후 상태에 대한 장기적인 예측이 불가능하다는 사실을 인식해야 한다.

— IPCC(2001, §14.2.2.2)

## 5.2. 빙하기의 도래

우리는 현재 빙하기 사이의 온난기를 10,000년 이상 지속하고 있다. 이런 온난한 시기는 일반적으로 10,000년에서 15,000년가량 계속된다. 그림 Ⅱ-22로부터 우리는 기온이 3,500년 이상 지속적인 하강 추세를 보이며 지난 세 차례 온난기의 최고 온도는 모두 이전 온난기의 최고 온도보다 낮았다는 것을 알 수 있다. 이 자료는 앞으로 진짜 빙하기가 도래할 것이니 대비하라고 암시하는 것일까? 남극 빙핵으로부터 과거의 기온 변화를 재구성한 연구자는 다음과 같은 결론을 내렸다. "지금까지 11,000년이나 지속하고 있는 홀로세(Holocene, 현재의 간빙기)는 지난 420,000년 남극 역사상 가장 오랫동안 안정적으로 따뜻했던 기간이다"(Petit, 1999). 앞으로는 더 추워질 것이니 당신들은 여분의 장갑이나 더 사든가,

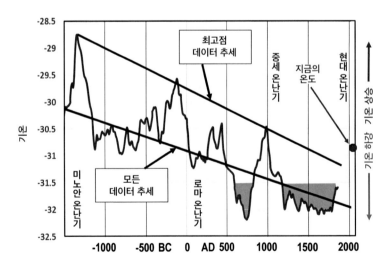

| 그림 Ⅱ-22 | 3,500년 동안의 기온 하강(Alley 2004; *현재 기온: Box 2009)

| 그림 II-23 | 북아메리카에서만 1억 2천만이 넘는 주민에게 닥칠 추위 문제들
(Earle, 2017)

그보다는 따뜻한 코스타리카(Costa Rica)에 집을 사서 이주하는 것을 원할 수도 있다.

다음 빙하기의 도래는 인류문명에 끔찍한 재앙이 될 것이다. 만약 가장 최근에 일어나고 있는 빙하의 지속적인 확장이 미래에 우리가 직면하게 될 것의 징후가 된다면(그림 II-23), 북반구에 사는 많은 인류의 전망은 암울하다. 대부분 북아메리카와 유럽은 수십 또는 수백 미터의 얼음으로 뒤덮일 것이다. 기온이 떨어져 대흉작과 기아가 발생하고, 추위를 피해 따뜻한 지방으로 대대적인 인구 이동이 불가피하게 될 것이다.

추운 날씨로 인한 지구 대흉작이 발생하면 전 세계적으로 수천만 명을 죽음에 이르게 하는 데까지 불과 몇 년밖에 걸리지 않을 것이다. 북아메리카만을 놓고 보더라도, 현재 3천5백만 명이 거주하는 캐나다 지역과 8천5백만 명이 사는 미국의 일부 지역이 얼음으로 덮일 것이다. 캐나다의 거의 모든 지역과 스칸디나비아 국가들의 대부분은 결국 얼음으로 뒤덮일 것이다.

우리가 이산화탄소를 줄이려고 수조 달러를 투자했는데, 머지않은 미래에 그동안 완전히 반대 방향을 추구하기 위한 노력을 줄기차게 해왔다는 사실만을 오직 깨닫게 된다면 이 얼마나 아이러니한 일이라 하지 않겠나?

다음 장에서 보게 되겠지만, 지구 역사에서 과거 수천 년 동안에 있었던 각 온난기는 이후 이어졌던 추위로 인해 일반적으로 광범위한 인명 손실과 생존 조건의 쇠퇴를 함께하면서 아주 비참하게 끝났음을 우리에게 알려주고 있다.


우리가 대기의 온실가스를 증가시키는 것이 실질적으로는 다음 빙하기의 시작을 지연시킬 수 있다는 것은 다소 아이러니한 일이다.

— 미국 지질조사국(USGS)

## 요약

　기후 위기론자들은 복잡한 수식이 들어있는 기후 모델로 100년 앞 미래 기온을 예측했다. 이 모델에 근거하여 그들은 우리 사회가 에너지 소비와 생활방식을 획기적으로 바꾸지 않으면 기후 대재앙이 일어날 것이라 경고하고 있다. 하지만 여기에 사용된 기후 모델로 지난 1976년부터 2015년까지 배출된 온실가스를 입력하여 지구 기온을 예측한 결과, 관측치보다 2.5배나 높은 수치가 산출됐다. 또 경고한 대재앙을 막기 위해 연간 1조 5000억 달러에 달하는 엄청난 비용이 들어갈 것으로 추산됐다. 지금 우리는 예측치와 관측치가 완전히 틀리는 모델에 수조 달러에 달하는 위험을 걸고 기후 정책 세우기를 요구받고 있다. 한편 지구의 기온은 지금까지 3,500년 이상 지속적인 하강 추세를 보여왔다. 지난 세 차례 온난기의 최고 온도는 모두 이전 온난기의 최고 온도보다 낮았다. 이것은 앞으로 진짜 빙하기가 도래할 수 있음을 암시하고 있다. 우리가 이산화탄소를 줄이려고 수조 달러를 투자한다면 머지않은 미래에 그동안 반대 방향을 추구하기 위한 노력을 줄기차게 해왔다는 사실을 깨닫게 될 수 있다. 이 얼마나 아이러니한 일인가?

# 문명과 기후
## - 위대한 발전은 온난기에

## 제6장

인류문명은 마지막 빙하기에 동굴에서 거주한 매머드(Mam-moth) 사냥꾼에서부터 자율 주행하는 아우디를 타고 스마트폰을 사용하는 현대의 밀레니얼 세대에 이르기까지 발전과 중단을 반복하면서 이어져 왔다. 거의 모든 위대한 문명의 발전은 따뜻한 온난기에 일어났다. 이와 반대로 추운 시기에는 인류의 생활 여건은 나빠졌다.

기후과학이 정치화되기 전에는 과학자들은 지구상의 거의 모든 생물종에게 따뜻한 것이 추운 것보다 좋은 여건이기 때문에 온난기를 '최적 기후(Climate Optima)'로 여겼다.

가장 가까운 시기에 있었던 빙하기 10만 년 동안 인류문명은 아무런 발전이 없었다. 우리 조상들은 가까운 곳에 있는 것들을 사용하며 사냥과 채집으로 근근이 연명했다. 석기 사용이나 동굴 벽화 같은 약간의 진전은 있었지만, 문명의 발전은 거의 없었다. 지금부터 약 1만 년 전부터 모든 것이 바뀌었다. 빙하기 말 점점

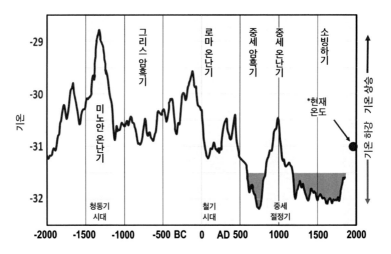

| 그림 II-24 | 기온에 따른 4000년 동안의 문명 발전과 퇴보
(Alley 2004; *현재 온도: Box 2009)

따뜻해지는 기후는 인류가 번영하고 문명이 발달할 수 있는 기반이 되었다. 동물의 가축화와 농업의 시작으로 인구는 폭발적으로 증가하였고 최초로 공동체가 형성되었다.

인류문명의 가장 급속한 발달은 지난 4차례에 걸친 온난기에 일어났다(그림 II-24). 지금 우리가 사는 이 시기도 여기에 포함된다. 역사적으로 과학과 기술 그리고 예술의 발달은 따뜻한 날씨와 직접 관련되어 왔다. 따뜻한 기온은 풍부한 식량 생산을 가능하게 했고, 많은 사람이 하루하루 연명하기 위해 매달려야 하는 일들로부터 자유롭게 하여 다른 일을 할 수 있게 했다. 이것은 추운 시기에는 불가능했던 문화의 발달로 이어졌다.

기후와 문명발달의 관계라는 자주 반복되는 주제는 다음에 나오는 불편한 사실에 대한 단서를 제공한다.

### 인류문명의 발전을 위해
### 추운 것보다 따뜻한 것이 좋다.

## 6.1. 미노스 온난기

기원전 1,500부터 1,200년까지 있었던 미노스 온난기(Minoan Warm Period)는 청동기 시대에 해당한다. 이 시기의 인류는 바퀴, 문자, 청동제련, 포도주 제조와 같은 초기 문명의 대단한 발전이 있었다. 산악지대로 접근이 가능해지고 폭풍이 약해지면서 유럽과 지중해 지역 간의 무역이 이루어졌다. 대도시들이 생겨났다. 유럽과 이집트에서 최초의 위대한 문명이 이 시기에 탄생했다. 그리스 미케네(Mycenaean) 문명과 이집트 최초의 위대한 왕조 아크나톤 파라오(Pharaoh Akhenaten) 지배가 이 시기에 해당된다.

우리가 앞서 살펴본 것처럼, 빙핵과 퇴적물 코어의 과학적 측정 결과는 미노스 온난기가 오늘날보다 훨씬 더 따뜻했다는 사실을 보여준다. 이 불편한 사실은 오늘날에는 열대나 아열대 지방에서만 재배되고 있는 수수(Millet)가 스칸디나비아와 같은 북쪽에서 자라고 있었다는 역사 문헌에 의해 뒷받침되고 있다.

미노스 온난기의 번영 이후에는 현저한 기온 저하와 그로 인한 인간 생존 여건의 쇠퇴가 뒤를 따랐다. 기후학자들에게는 이 시기를 '반달 극소기(Vandal Minimum)'로, 그리스 역사에는 '그리스 암흑기(Greek Dark Ages)'로 알려져 있다. 반달 극소기 동안 인간은 단지 살아남기 위해 고군분투할 뿐이었다. 흉작은 영양실조와 인구 감소로 이어졌다. 기원전 1,200년부터 250년까지 추운 시기가 계속되었다. 특히 기원전 800년경에는 기온이 한층 더 떨어져 상황은 더욱 나빠졌으며 전 유럽에서 한 차례 새로운 인구 감소가 발생했다. 이 시기는 '할슈타트 재난(Hallstatt Disaster)'으로 알려져 있다(Behringer, 2007).

## 6.2. 로마 온난기

'로마 기후 최적기 (Roman Optimum, 기원전 250년경부터 서기 450년까지)'로 알려진 로마 온난기(Roman Warm Period)는 철기시대라는 폭발적인 문명발달로 이어진 유익한 온도 상승 시기임을 증명해주고 있다. 이 시기는 수학, 철학, 예술, 농업에서 엄청난

발전이 이루어졌다. 로마 제국의 최대 전성기(Apex of the Roman Empire)와 위대한 중국 왕조의 시작(한나라)과 같은 유럽과 아시아 전역에서 거대한 사회적 확장이 이루어졌다.

지구 곳곳에서 채취한 퇴적물, 빙핵, 꽃가루 같은 것들로부터

증거를 도출해 낸 다양한 각도의 과학적 연구에서는 로마 온난기(Roman Warm Period)가 오늘날보다 훨씬 더 더웠을 뿐만 아니라 그것도 아주 심하게 더웠다는 사실을 문서로 정리해두고 있다. 그 뿐만 아니라 올리브 나무와 포도밭이 오늘날 서식하는 곳보다 훨씬 더 북쪽에 이르기까지 재배되고 있었다는 방대한 역사적 자료들이 당시 기후가 얼마나 더웠는지 확인시켜주고 있다. 올리브 나무가 독일의 라인 계곡에 이르는 북쪽까지 자랐고, 감귤류 나무는 영국 북부의 하드리아누스 방벽(Hadrian's Wall) 가까이에도 서식하고 있었다.

로마 온난기에 있었던 문명발달 후에는 아주 파괴적인 추운 시기(서기 450년경부터 950년까지)가 이어졌고, 다시 인류 역사에서 가장 절망적인 시기 중 하나인 중세 암흑기(Dark Ages)가 시작되었다. 이 시기에는 기아와 질병, 그리고 유럽 전체 인구의 엄청난 감소가 있었다. 추위와 그에 따른 병폐들은 도시를 파괴했고, 유럽의 상당 지역은 농업 촌락 지역으로 전락했다. 또다시 생존은 문명 발달보다 우선시하게 되었다.

이 한랭기는 그 이전 온난기에 존재했던 두 주요 제국인 로마 제국과 한 왕조의 쇠퇴와 멸망과 일치했다. 이러한 두 제국과 기

타 소규모 문명의 쇠퇴를 기후 탓으로 돌리는 것이 전적으로 정확하다고 할 수 없을지 모르지만, 군주들이 백성을 먹여 살리지 못하면 폭동과 정치적 혼란을 비롯한 엄청난 내분을 불러일으키기 마련이다.

## 6.3. 중세 온난기

중세 온난기(950~1250년)는 유럽에서 위대한 지적인 깨달음과 사회정치적 큰 변화를 이룩한 '중세 절정기(High Middle Ages)'를 이루어냈다. 당시 좋았던 환경조건은 흔히 '소기후 최적(Little Climatic Optimum)'이라 불린다. 이 온난한 기간에 대학이 설립되었고 지적 르네상스가 있었다. 웅장한 성곽과 성당이 건축되었고, 아이슬란드와 그린란드에 사람들이 정착하였으며 영국 헌법의 기초가 된 마그나 카르타(Magna Carta) 서명이 이루어졌다.

역사학자 찰스 도렌(Charles Doren)은 이 시기를 "유럽 역사에서 가장 태평천하였고, 번영과 발전의 기간"이라고 했다(Moore, 1996).

마이클 만(Michael Mann)과 IPCC는 중세 온난기(MWP)가 있었다는 사실조차도 부정하고 있다는 점을 상기할 필요가 있다. 중세 온난기의 존재를 인정하는 것은 지금 우리가 비정상적으로 더운 시기에 살고 있다는 그들의 주장에 의문을 제기하는 것이 되기 때문이다. 만의 하키 스틱 그래프가 나오기 전에는 중세 온난기에 있었던 따뜻한 기후는 논란의 여지가 없었다. 나무의 나이테, 농업, 곤충류, 빙하, 꽃가루와 같은 방대한 역사적 자료들이 중세 온난기가 오늘날보다 더 기온이 높았다는 논거를 뒷받침하고 있다.

감귤류와 포도밭이 현재보다 훨씬 떨어진 북쪽에 있었고 바이킹족들의 무덤이 지금도 그린란드의 영구 동토층에 있다는 증거를 비롯해서 중세 온난기의 존재를 입증하는 자료들은 엄청나고 방대하다. 훨씬 더 따뜻했던 중세 온난기에 대한 개념을 뒷받침하는 역사적이고 과학적으로 확실한 연구 자료들은 이산화탄소와 지구변화 연구센터(Center for the Study of Carbon Dioxide and Global Change)가 운영하는 웹사이트(CO2Science.org)에서 찾아볼 수 있다.

중세 온난기가 끝나 갈 무렵에도 당시 온난기의 혜택을 누리고 있던 사람들은 조만간 500년이 넘는 추위, 고통, 죽음의 시간이 다가오리라는 것을 전혀 알아차리지 못했다.

## 6.4. 소빙하기(마운더 극소기)

추운 시기에는 나쁜 일들이 발생한다. 역사상 어느 시기도 중세 온난기 이후 이어진 소빙하기보다 이렇게 비참한 사실을 더 많이 보여주지는 않았다. 대략 1250년부터 1850년까지 있었던 추위는 주로 북반구에 극심한 고통을 가져왔다. 혹독하게 추운 겨울과 습하고 한랭한 여름은 농업의 흉작, 기근 그리고 심각한 인구 감소를 가져왔다. 최악의 추위는 마운더 극소기(Maunder Minimum)로 알려진, 1670년부터 1715년 사이에 나타난 혹한 시기 중에 발생했다.

이 소빙하기 동안에는 발트해(Baltic Sea)가 얼어붙어 아이슬란드와 그린란드로 선박 운항이 장기간 불가능해졌다. 그로 인해 1350년경 바이킹족은 그린란드를 떠났고 아이슬란드의 인구는 질반으로 줄었다. 흑사병(Black Death)의 시작(1348년)과 유럽 대기근(Great Famine, 1315~1321년)도 이 소빙하기의 초기에 해당된다.

그리고 이 얼마나 놀라운 일인가! 근엄하게 치장을 한 말 위에 앉아있던 일부 기사들은 싸구려 포도주와 바꾸려고 말과 무기를 내주었다. 그들은 너무나 굶주렸기 때문에 그렇게 했다.

— 1315년의 독일 연대기 작가(Jordan, 1996)

북유럽 신화에 여름 없이 3년 내내 겨울이었던 핌불베트르(Fimbulwinter)가 있다. 이것은 아마 소빙하기 초기에 발생한 매우 추운 기간을 언급한 것으로 여겨진다. 영국 기온도 아주 낮아서 종종 템스강이 꽁꽁 얼어붙었다. 템스강이 마지막으로 얼어붙은 것은 1814년이다. 이때 북대서양의 해양 수산업은 대구 개체 수가 소멸함에 따라 완전히 무너졌다. 미국 독립전쟁사에 나오는 워싱턴 장군의 군대가 펜실베이니아주 포지 계곡(Valley Forge)에서 겨우내 겪었던 추위(1777~1778)도 소빙하기에 해당한다.

소빙하기가 끝나기 시작한 것은 1695년부터 1735년 사이였다. 이때 영국 잉글랜드 중부(Central England)에서 100년에 4℃ 이상 상승하는 급격한 온난화가 있었다. 당시의 온난화는 자연현상이었으며 인간은 원인을 제공할 수도 없었다. 이후 온난화는 완만한 속도로 오늘날까지 계속되고 있다. 초기 급상승 이후 40년간은 그다지 심각한 온난화 추세가 나타나지 않았다. 대부분의 연구자들은 소빙하기의 마지막이 1850년 무렵이라고 단정하지만, 우리가 본 바와 같이, 그 시기는 인간이 배출한 이산화탄소가 영향을 미치기 훨씬 전, 100년 또는 그보다 더 이른 시기로 쉽게 추정할 수 있다.

소빙하기가 끝나 갈 무렵까지도 중세 절정기(High Middle Ages) 이후 문명 발전이 거의 없었다. 대부분 농업에 의존했다. 주요 운송수단은 말이었고 교신은 구두전달이나 서신으로 이루어졌다.

## 6.5. 현대 온난기

하지만 이후 150년도 채 되지 않는 기간에 엄청난 발전을 이룩했다. 이는 그 이전 50년 전만 하더라도 상상도 할 수 없었던 발전이었다. 이 모든 발전은 기온이 상승하고 이산화탄소 수치가 증가하는 동안에 일어난 것이다. 작가 클레온 스카우센(W. Cleon Skousen)은 이 급속한 발전을 '5,000년의 도약'이라고 했다. 과거 5,000년 동안 있었던 교신, 운송, 에너지, 탐험에서의 발전과 인간의 평균 수명 두 배 증가가 200년 이내로 압축되었기 때문이다. 무수히 많은 요인이 작용했겠지만, 소빙하기의 혹독한 추위에 여전히 빠져있었더라면 이러한 발전이 가능했을 것인가는 분명하지 않다.

지금 우리는 따뜻한 날씨의 혜택을 누리고 있다는 것에 대해 감사해야 한다. 따뜻한 날씨는 인간이 날마다 다음 먹거리를 찾을 걱정 없이, 생각하고 발명하고 미래를 꿈꿀 수 있게 해준다.

마이클 만과 IPCC의 주장과 달리, 역사학자들 사이에는 실제로 소빙하기가 있었으며, 중세 온난기와 미노스 온난기는 오늘날보다도 더 따뜻했다는 사실에 대해 아마 97%의 의견 일치가 있을 것이다. 수백 편의 과학적 논문과 수천 개의 역사적 기록들이 이 불편한 사실을 입증하고 있다.

아마 이제는 마이클 만과 그를 추종하는 자들에게 '역사를 부인하는 자'라는 낙인을 찍을 때가 된 것 같다.

인류문명은 빙하기 10만 년 동안 아무런 발전이 없었지만, 약 1만 년 전부터 모든 것이 바뀌었다. 점점 따뜻해지는 기후는 인류가 번영하고 문명이 발달할 수 있는 기반이 되었다. 가장 급속한 발달은 지난 4차례에 걸친 온난기에 일어났다. 기원전 1,500년부터 1,200년까지 있었던 미노스 온난기는 청동기 시대에 해당한다. 이 시기에 바퀴, 문자, 청동제련, 포도주 제조와 같은 초기 문명의 대단한 발전이 있었다. 이후 현저한 기온 저하와 인간 생존 여건의 쇠퇴가 뒤를 따랐다.

기원전 250년경부터 서기 450년까지 있었던 로마 온난기는 철기시대라는 폭발적인 문명발달로 이어졌다. 이 시기에는 수학, 철학, 예술, 농업에서 크게 발전했다. 이후 한랭기(450~950년)가 이어지면서 인류 역사에서 가장 절망적인 시기 중 하나인 중세 암흑기가 나타났다. 중세 온난기(950~1250년)에는 유럽에서 위대한 지적인 깨달음과 사회정치적 큰 변화를 이룩했다. 이 시기에 대학이 설립되었고 지적 르네상스가 있었다. 이후 이어진 소빙하기(1250~1850년)의 추위는 북반구에 극심한 고통을 가져왔다. 최악의 추위는 마운더 극소기로 알려진, 1670년부터 1715년 사이의 혹한 시기에 있었다.

소빙하기가 끝나기 시작한 것은 1695년부터 1735년 사이였다. 이때 100년에 4℃ 이상 상승하는 급격한 온난화가 있었다. 이후 온난화는 완만한 속도로 오늘날까지 계속되고 있다. 현대 온난화라 불리는 지금 이 시기에 인류문명은 과거 어느 때보다 더 큰 발전을 이룩했다. 이 모든 발전은 기온이 상승하고 이산화탄소 수치가 증가하는 동안에 일어난 것이다.

　기후 위기론자들은 산업혁명 이후 기후가 더 따뜻해졌기 때문에 이산화탄소 배출량을 줄여야 한다고 주장한다. 분명 이들은 우리가 살아가기에 이상적인 기온은 산업혁명 이전이라고 믿고 있다. 그렇게 되면 우리는 정확히 소빙하기의 한가운데 놓이게 된다. 하지만 역사적 사실은 그들의 주장을 지지하지 않는다. 역사는 기아, 죽음, 전염병은 추위와 함께한다는 것을 말해주고 있다. 그렇게 되고 싶어서 이산화탄소를 줄이려고 애쓰는 것인가? 그들은 정말로 그리스 암흑기, 중세 암흑기, 소빙하기로 돌아가고 싶은가? 우리는 그 시기 인류문명이 얼마나 열악했는지 보았다. 더 낮은 온도로 돌아간다는 것은 더 많은 생명을 앗아가게 된다는 것이다. 하긴 그렇게 된다고 하더라도, 그것이 환경 근본주의자들이 원하는 것이 아닐까?

............................................................................

인류의 멸종은 불가피한 것일 뿐만 아니라 좋은 것일 수도 있다.

— 크리스토퍼 매인스(Christopher Manes),
미국의 대표적인 환경 근본주의자, '지구 먼저(Earth First!)' 저널 작가

**불편한
사실29**　　　**산업혁명 발생 이전의 기온으로
돌아간다는 것은 기근과 죽음으로 이어질 것이다.**

# 제 3 부

## 가공의
## 기후 대재앙

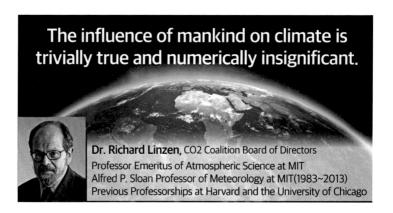

기후가 거칠어지고 있다. 엄청나게 쏟아지는 비, 끝이 없는 불볕더위, 맹렬한 기세로 몰아치는 토네이도 – 최근에 기후 변화가 일어났다. 도대체 무슨 일이 일어나고 있는 걸까?

— 내셔널 지오그래픽 (2011년)

어머나 이를 어떻게 해, 하늘이 무너지고 있어. 빨리 달려가서 사자에게 알려야 해.

— 치킨 리틀(Chicken Little, 2005년 월트 디즈니 3D 애니메이션)

초창기 기후위기 캠페인의 초점은 거의 대부분 불볕더위, 가뭄, 해수면 상승 등과 같은 지구온난화의 직접적인 영향에 맞춰져 있었다. 2005년경에 이르러 신기하게도 '지구온난화'가 중단되었거나 적어도 잠시 멈췄다는 인식과 함께 '기후변화'라는 용어 아래 한 무리의 새로운 기후 도깨비들(Climate Hobgoblins)이 생겨났다. 이제는 무엇이든 비정상적이거나 해로운 것들은 악마로 만들고 인간의 이산화탄소 배출 죄와 연관시켰다. 또 그 죄로 인한 것은 무조건 악마화하라는 것이었다.

기후에 관한 모든 근거 없는 이야기들은 인류가 기후를 변화시킬 뿐 아니라 그 변화는 지구를 완전히 파괴하고 그로 인해 인간의 생활 여건을 악화시키는 식의 개념으로 더욱 발전되었다. 인간 활동과 관련 있는 것으로 추정한 기후재난은 산불 발생부터 옻나무(Poison Ivy)가 널리 퍼져나가는 것에 이르기까지 전 영역에 걸쳐있다. 이렇게 관련짓는 이유는 기후변화 공포심을 조장하여 우리가 살아가는 데 비용이 많이 드는 급진적 규제를 받아들이도록 하려는 단 한 가지 목표를 달성하기 위한 것이다.

분명 극단적인 현상들이 더욱 빈번하게 발생하는 것처럼 보인다. 우리는 24시간 보도되는 뉴스, 트위터, 구글 업데이트, 휴대전화 알림 등의 도움으로 과거에는 지역 뉴스 매체를 통해서만 알았던 기상 현상에 관한 넘처나는 소식에 시달리고 있다. 지금은 조지아주 발도스타(Valdosta)를 강타하는 토네이도가 지방 신문(Daily Times)에만 나오는 것이 아니라 전 세계로 보도되고 있다.

누구도 불타는 숲이나 화염에 휩싸인 주택과 같은 사건 대부분을 생생하게 현장에서 중계하는 언론 보도를 비난할 수는 없다. 온화한 날씨 그 자체는 좋은 TV 방송 거리가 되지 않기 때문이다.

지구온난화가 인간에 의한 것이라는 주장에 대해 회의적인 견해가 있는 이 책의 독자들 대다수도 기후로 인한 재난 발생 빈도와 강도가 점차 높아지고 있다고 믿고 있다. 어떻게 그들이 그렇게 믿지 않을 수 있겠는가? 이는 지구온난화로 인해 눈이 휘둥그

레질 정도의 심각한 기후재난 예측과 함께 '극심한' 기후가 더욱 빈번하게 일어나는 것이 사실인 것처럼 주기적으로 보도되기 때문이다.

다음 장에서는 기후변화에 대한 여러 가지 주요 근거 없는 믿음(Climate Myths, 기후 신화)에 관한 정보를 제시한다. 대부분 정보는 언론에서 묘사된 것과 독자들이 이해하고 있는 것과도 아마 완전히 상반된다는 것을 알게 될 것이다. 우리는 우선 기후변화에 대한 과학적 합의라는 지금 가장 널리 퍼져있는 신화(잘못된 믿음)에 대해 살펴볼 것이다. 그리고 다음에는 기후 대재앙 신화로 '깊이 들어가' 볼 것이다.

여러분은 인간의 과잉배출로 인해 지구 종말을 향해 질주하고 있는 세상에 살고 있다기보다는 바로 그 반대의 경우에 있다는 것을 알게 될 것이다. 현재 지구와 인류는 기온 상승과 이산화탄소 배출이 증가함에도 '불구하고'가 아닌, 그것 '때문에' 매우 왕성하게 번창하고 있다.

지구는 점점 더 푸르러지고 있으며 극한 기상 현상은 훨씬 덜 발생하고 있다. 작물의 경작 기간이 길어지고, 토양의 수분 함유가 높아지며, 이산화탄소는 비료가 되어 작물 수확량을 증가시킨다. 이 증가 현상으로 인해 우리는 늘어나고 있는 인구를 먹여 살리고 있다.

불편한 사실을 즐기시며 푹 주무세요: 우리가 알고 있는 세상은 인간의 활동 때문에 멸망하지는 않습니다.

지구 종말이라고요? 무슨 말씀이세요!

# 조작된 합의
## - 과학적 결함의 자백

### 7.1. 97% 합의

　우리는 97%의 과학자들이 인간에 의한 기후변화에 동의했다고 지금까지 들어왔다. 또 독자들은 기후 종말론이라는 주문에 빠져있지 않은 사람들은 새로운 과학을 부정하는 러다이트 과학자들이라는 소리도 아마 들어봤을 것이다. 그래서 나를 러다이트(Luddite: 19세초 영국에서 산업혁명에 반대하며 방직기계를 파괴했던 사회운동)로 취급해도 된다. 하지만 3% 이상의 과학자들이 기후변화에 관한 정략적인 정책에 회의적인 견해를 밝히고 있다. 그보다 훨씬 많은 사람이 회의적이다.

　내가 기후변화를 연구하는 과학자라는 것을 알게 된 사람들과 나누는 대부분의 대화에서 첫 질문은, "그렇다면 기후변화를 믿으시는 거죠?"라는 것이다. 나의 답변은, "네, 물론이죠. 기후변화는 과거 수억 년 동안 일어나고 있었습니다."이다. 이제는 알겠지만,

그 질문은 "기후변화가 일어나고 있는가?"가 아니다. 정확한 질문은, "현재 기후변화가 근본적으로 인간의 활동에 의한 것입니까?"이다.

기후변화에 관해 쉽게 증명될 수 있고 정량화가 가능한 과학적인 진실들이 있다. 그 진실들은 나도 확신하고, 적어도 97%의 과학자들도 동의하고 있다. 그것은 다음 두 가지다:

- 이산화탄소 농도는 지난 몇십 년 동안 계속 상승해왔다.
- 온도계와 위성으로 관측된 기온은 지난 150년 동안 전반적으로 상승해왔다.

정량화할 수 없는 것은 인간이 배출한 이산화탄소 증가로 인한 지구온난화에 실제 기여율이다. 지난 1900년 이후 인간에 의한 온난화가 얼마나 발생했는지 규명할 수 있는 과학적인 증거나 방법이 없다.

우리는 지난 수천 년 동안의 기온이 크게 변화해왔다는 사실을 알고 있다. 또한, 사실상 그 모든 기간에 있었던 지구온난화와 냉각화는 전적으로 자연의 힘에 의해 발생했으며 산업혁명이 시작될 때에도 중단되지 않았다는 사실 역시 우리는 알고 있다.

현대 온난화의 대부분이 인간의 활동에 기인한다는 주장은 과학적으로 지지받을 수 없다. 진실은 우리가 모른다는 것이다. 우리는 우리가 알고 있는 것과 추측에 불과한 것을 구분할 수 있어야 한다.

'97% 합의'라는 개념의 근거는 무엇인가? 97%가 합의했다는 것은 사실일까?

힌트　　　　합의의 '합'자도 없었는데 무슨 합의가 있었나?

만약, 실제로 전체 과학자의 97%가 지난 150년간 있었던 완만한 온난화가 인간에 의한 것임을 진심으로 믿고 있다면, 우리는 무엇을 믿어야 할지 결정할 때 이러한 사실을 고려하는 것이 합리적이라 할 수 있다. 하지만 사실은 그렇지 않기 때문에 만약 우리가 그렇게 하면 어차피 틀릴 수밖에 없다.

과학은, 종교와는 달리, 믿음의 체계가 아니다. 과학자들도, 다른 사람들처럼, 사회적 편의나 정치적 이해 또는 경제적 이익을 위해 자신들은 어떤 것을 믿는다고 말할 것이다(자신들이 그것을 믿든 안 믿든). 이것과 그 외 타당한 이유로, 과학이란 과학자의 믿음을 근거로 하지 않는다. 과학이란 과학자가 관찰과 측정에 기존의 이론을 적용하여 하나의 이론을 발전시키거나 폐기하는 정립된 탐구방법이다. 그래서 과학자란 그리스 철학자 아낙시만드로스(Anaximander)가 말하는 '그런 것과 그렇지 않은 것'을 분명하게 구분하고 가능하면 그 차이를 명확하게 해야 한다.

동양에서 과학적 방법론의 기초를 세운 11세기 이라크의 자연철학자 이븐 알하이삼(Abu Ali ibn al-Haytham)은 다음과 같이 기술하고 있다:

진리를 추구하는 자[과학자를 멋지게 묘사함]는 아무리 믿을 만하고 널리 알려졌다 하더라도, 그것이 단순히 의견의 일치를 이룬 것이라 해서 그것에 자신의 신념을 던지지 않는다. 대신, 그는 자신이 알게 된 것을 탐구하고 조사하며 검토하는 데 주안점을 둔다. 진리로 향한 길은 멀고 험하지만, 그것은 우리가 반드시 가야 할 길이다.

과학적인 진실로 가는 멀고도 험한 길을 정부 돈으로 생활하는 사람들을 대상으로 단지 머릿수만 헤아리는 하찮은 방법으로는 갈 수가 없다. 그래서 기후 운동가들이 상상으로 만들어진 가상의 '합의'(이제 곧 보게 될 것이다)를 지나치게 자주 강조하는 그 자체가 위험한 신호다. 그들은 자신들이 집착하는 가상의 과학적 진실에 대해 우리가 믿기를 바라는 것보다 자신들이 갖는 확신이 훨씬 저조하다(자신들이 확신하지 않는 것을 우리가 믿기를 바라고 있다). 여기서 '합의'란 설득력이 없는 절름발이 과학을 보조하는 목발인 셈이다.

## 7.2. 합의 개념의 시작과 조작 증거

그렇다면, 어떻게 '97% 합의'라는 개념이 시작되었나? 이러한 합의는 연구 결과와 데이터로 증명이 된 것인가?

기후변화에 대한 '합의'를 문서로 만들려는 최초의 시도는 이른바 앨 고어(Al Gore)의 논픽션 『불편한 진실(An Inconvenient Truth)』이라는 책에 인용된 2004년 논문이다. (고어는 하버드대학교에서 자연과학 과목을 수강했지만 D 학점을 받았다.) 인용 논문의 저자 나오미 오레스케즈(Naomi Oreskes)는 기후변화 질문에 관련하여 자신이 검토한 1,000여 편의 논문 가운데 75%는 "지난 50년간 관측된 온난화의 대부분은 온실가스 농도 상승으로 인했을 가능성이 크다."라는 IPCC가 선호하는 '합의'에 동의했다고 주장했다. 그녀는 이 이론에 이의를 제기하는 논문은 하나도 없었다고 강조했다.

오레스케즈의 논문은 런던의 저명한 의사 클라우스-마틴 셜트(Klaus-Martin Schulte) 교수의 관심을 끌게 되었다. 셜트 교수는 자신의 환자들이 지구온난화 종말론을 믿음으로 인해 그들의 건강에 미치는 부정적인 영향에 관심이 있었다.

셜트 교수는 오레스케즈의 논문을 좀 더 업데이트하기로 했다. 하지만 수백 편의 논문 가운데 단 45%만이 '합의' 난에 서명되어 있음을 알게 되었다. 그는 "언론과 정치인들에 의해 주장되고, 이제는 의료계로 넘어와 환자들에게까지 영향을 미치는 기후변화 위기에 대한 과학 논문은 근거가 거의 없는 것으로 나타났다."라고 결론지었다.

'97% 합의'라는 개념을 지지하는 데 자주 인용된 주 논문은 존 쿡(John Cook)과 그와 함께하는 기후 극단주의자 그룹이 쓴 것이다. 그 논문은 2013년에 출간되었고, 기후변화 합의에 대한 논문으로 가장 널리 인용되었으며 60만 회 이상 다운로드되었다.

쿡은 현재 기후 관련 웹사이트를 운영하고 있다. 이 사이트에는 임박한 기후 재앙이라는 도그마로부터 일반인들이 벗어날 수 있도록 효과적으로 안내하는 모든 이들을 공격하는 데 특화된 공포조작용 미사여구가 넘쳐난다. 그 미사여구에는 종종 개인적 감정과 악의적인 어조가 들어있다.

이 프로젝트는 스스로 "웹사이트 운영에 기여하는 봉사자들에 의한 '시민과학' 프로젝트"로 묘사하고 있다. 운영팀은 기후변화 편견에 머물러 있는 12명의 기후 활동가들로 구성되어 있다. 대부분 과학 분야 교육을 전혀 받지 않은 자원봉사자로서 자신들이 지지하는 기후변화에 대한 '합의된 견해'가 어느 정도인지 평가하기 위해, 1991년부터 2011년까지 21년간 발표된 기후변화 또는 지구온난화 관련 약 11,944편의 검증된 논문의 요약문을 '검토'했다고 말하고 있다. 마치 쿡이 자신의 논문에서 다음과 같이 언급하고 있듯이;

우리는 인간의 활동이 현재 나타나는 대부분 지구온난화를 유발할 가능성이 높다는 것에 대한 과학적 합의 수준을 결정하기 위해 지난 21년간 출간된 기후변화와 관련된 상당히 많은 양의 과학적 문헌들을 분석했다.

쿡의 논문은 다음과 같은 결론을 내렸다.

인간에 의한 온난화(AWG: Anthropogenic Global Warming)에 대한 입장을 표명한 논문의 요약문 가운데 97.1%가 과학적 합의를 지지했다. AWG에 대한 입장을 표명한 논문들 가운데, 압도적인 비율로(자체 평가 기준은 97.2%, 요약문 평가는 97.1%) 인간에 의한 온난화에 대한 과학적 합의에 찬성하고 있다.

그 논문은 검토위원들이 조사한 논문의 97%는 지난 150년간 발생한 온난화가 대부분 인간에 의한 것임을 확실히 지지하고 있는 것처럼 거짓 주장을 하고 있다.

데이터를 살펴보면 그 논문 중 7,930편은 인간에 의한 온난화라는 주제에 대해 입장표명이 없었고 임의로 여기에 관련된 확인을 제외해버렸다. 만약 검토한 모든 논문에 이를 간단하게 다시 합산하면 쿡과 그의 공동 저자들이 주장한 97%는 32.6%로 줄어들게 된다.

논문을 자세히 살펴보면 소위 '97%'에는 인간에 의한 기후변화에 대해 지지하는 3가지 범주가 있음을 알 수 있다(표 II-1). 그중 유일하게 첫 번째 범주만이 최근 발생하고 있는 기후변화의 주요 원인이 인간이라고 명시하고 있음을 알 수 있다. 두 번째와 세 번째 범주에는 인간에 의한 재앙적인 온난화에 대한 회의론자가 대부분 포함될 것이다. 나도 여기에 포함된다. 이들은 이산화탄소의 증가가 아마도 약간, 거의 미미하게, 지구온난화에 영향을 미칠 것이라 여기고 있다. 그 영향이란 자연현상으로 더워진 날씨에 비하면 대수롭지 않게 여겨질 정도의 온난화다.

| 지지 정도 | 설명 |
|---|---|
| (1) 온난화 정도를 고려한 명시적 지지 | 최근의 지구온난화는 인간이 주요 원인이라고 명시적으로 기술하고 있다. |
| (2) 온난화 정도를 고려하지 않는 명시적 지지 | 인간이 지구온난화를 일으켰다거나, 인간에 의한 지구온난화 또는 기후변화를 하나의 알려진 사실만으로 명시적으로 기술하고 있다. |
| (3) 암묵적 지지 | 암묵적으로 인간이 지구온난화를 일으키고 있음을 기술하고 있다. 예를 들어, 논문에서 온실가스 배출이 온난화를 유발한다고 추정하면서 인간이 원인이라고 명시하지 않고 있다. |

| 표 III-1 | 합의라는 개념 정리 Cook(2013)

2017년 마이클 바스타쉬(Michael Bastasch)는 회의론자들을 진짜 열성적인 기후변화 지지자들과 함께 포함하는 것은 "근친상간과 강간의 경우를 제외한 모든 낙태를 반대하는 자들과 낙태 찬성론자들을 하나로 합쳐 낙태를 합법화하는 데 '합의'했다고 주장하는 것과 같다."라고 기술했다. 그러한 '합의'는 전혀 의미 없는 논점이 될 수밖에 없다.

아그노톨로지(Agnotology)는 "사람들을 오도할 목적으로 가짜 정보를 유통했을 때 어떻게 무관심이 생겨나는지를 연구하는 학문"으로 정의된다. 2015년 데이비드 레게이츠(David Legates)와 공동저자들은 인간에 의한 엄청난 기후 재앙이라는 주제를 둘러싼 광범위한 과학적 합의에 대한 개념을 거짓으로 홍보하는 쿡의 논문과 이와 유사한 시도가 여기에 해당한다고 설명하고 있다.

그들은 쿡이 조사했던 실제 논문들을 검토하고 나서 11,944개의 요약문 가운데 단지 0.3%와 의견 없음이라 표시한 논문들을 제외한 축소된 표본의 1.6%만이 그들이 정의한 인간에 의한 지구온난화를 지지했다는 사실을 알아냈다. 놀랍게도, 그들은 쿡과 연구 보조원들이 단 64편의 논문(또는 그들이 검토했다고 하는 11,944편의 논문 중 0.5%)만이 최근 발생하는 온난화의 대부분은 인간에 의한 것으로 명시한 사실을 자신들도 표시해두고 있음을 발견했다. 하지만 그들은 논문과 그 이후 발표에서도, 최근의 온난화는 대부분 인간에 의한 것임을 명시적으로 언급하는 '97% 합의'가 이루어졌음을 발견했다고 기술했다.

아그노톨로지(Agnotology)는 '조작된' 합의에 관한 관점이 토론, 논쟁, 비판적 사고를 억제하는 데 잘못 사용될 매우 큰 가능성을 가지고 있다.

— 데이비드 레게이츠(David Legates),
미국 델라웨이대학교 지리학과 기후학 교수, 2013

쿡과 그의 공저자들은 인간에 의한 재앙적인 지구온난화를 압도적으로 지지하려고 완전히 날조된 이야기를 만들기 위해 데이터를 조작한 것으로 보인다.

공식적인 '합의'라는 견해(검토한 11,944편의 논문 가운데 단 0.3%만이 지지하고 있지만)는 단지 최근의 온난화가 대부분 인간에 의한 것에 불과하다는 것을 말해준다는 점에 주목할 필요가 있다. 설령 지구온난화가 인간에 의한 것이라 하더라도, 그 온난화가 위험하다는 것을 나타내는 것은 아니다. 또 이 질문에 대한 답은 우리가 현재 알고 있는 범위를 벗어나기 때문에 압도적인 대다수 과학자가 여기에 대해 아무런 견해도 갖고 있지 않다.

만약 그럴싸한 거짓말을 반복적으로 계속한다면 결국에는 사람들이 그것을 믿게 된다.

— 요제프 괴벨스(Joseph Goebbels),
독일 나치 대중계몽선전부 장관

## 7.3. 기후 위기론 반대 청원

우리가 방금 검토했던 자료에 의하면, 인간에 의한 재앙적 지구온난화라는 개념에 동의하는 과학자의 비율은 알려진 것보다 현저하게 적다. 실제 숫자가 얼마나 되는지 알아보기 위해 편견을 없앤 평가시도가 여러 차례 있었다. 기후변화와 관련된 가장 큰 청원 중 하나는 인간에 의한 기후 위기론에 대한 개념을 반박하는 31,000명이 넘는 미국 과학자들이 서명한 오리건 청원(Oregon Petition)이었다(그림 Ⅲ-1). 서명자 중 9,029명은 박사학위(Ph.D) 소유자들이었다.

2016년에는, 조지메이슨대(George Mason University)에서 미국 기상학회 4,000여 명의 회원을 대상으로 설문 조사를 했다(Maibach, 2016). 조사 결과 33%는 기후변화가 일어나지 않았거나, 기껏해야 변화의 절반가량이 인간에 의했거나, 일어났어도 대부분 자연현상이거나, 또는 자신들은 모르겠다고 했다. 중요한 것은,

| 그림 Ⅲ-1 | 31,000명의 과학자들이 서명한 지구온난화 반대 청원서
(에드워드 텔러(Edward Teller)의 서명 http://petitionproject.com)

18%만이 앞으로 다가올 추가적인 기후변화의 대부분 또는 모두를 막을 수 있다고 믿었다.

**불편한 사실30**  **학술지에 논문을 게재한 과학자들 가운데 0.3%만이 최근의 온난화는 대부분 인간에 의한 것이라고 자신들의 논문에 명시했다.**

과학은 합의를 통해 발전하는 것이 아니다. 합의를 주장하는 것은 어떠한 합리적 과학 논쟁에서도 설 자리가 없다. 우리는 묻는다: 데이터는 우리에게 무엇을 말해주는가? 그것은 무엇을 의미하는가? 우리는 그 결과를 재현할 수 있는가? 만약 기후 위기론자들이 과학이 갖는 장점을 주장하기보다 명백한 결함이 있는 합의된 의견에 의지할 필요가 있다면 그들의 주장은 공개 토론으로는 결코 이길 수 없음을 이미 인정한 것이 아닌가?

**불편한 사실31**  **과학은 합의가 아니고 합의는 과학이 아니다.**

쿡의 97% 합의에 대한 논문은 기후 커뮤니티(Climate Community)가 잘못된 연구와 행태를 도태시키려면 아직도 갈 길이 멀다는 것을 보여주고 있다. 만약 당신이 기후변화 연구자들이 무능하고, 편파적이며 투명하지 않다는 사실을 믿고 싶으면, 쿡의 논문이 그런 점에서는 탁월한 사례가 될 것이다.

— 리처드 톨(Richard Tol),
영국 서섹스대학교(university of sussex) 교수

분명히 하자면, 과학이 하는 일은 합의(의견의 일치)라는 것과는 아무런 관련이 없다. 합의란 정치에서나 하는 비즈니스다. 과학이란 이것과는 반대로 정답을 아는 단 한 명의 연구원만을 필요로 한다. 이 말은 실제 세계에서 증명할 수 있는 결과를 가진 연구원을 의미한다. 과학에서는 합의라는 것은 타당성이 없다는 것이다. 타당성이 있다는 것은 같은 결과를 재현할 수 있다는 것을 의미한다. 역사상 가장 위대한 과학자들은 정확하게는 그들이 합의라는 것으로부터 단절했기 때문에 위대한 것이다.

합의라는 과학은 없다. 만약 그것이 합의된 것이라면 그것은 과학이 아니다. 만약 그것이 과학이라면 그것은 합의된 것이 아니다.

— 마이클 크라이튼(Michael Crichton),
미국 소설가(대표작 쥬라기 공원)

## 요약

　　기후 위기론자들은 97%의 과학자들이 인간에 의한 지구온난화에 동의했다고 주장한다. 하지만 97%의 과학자들이 동의한 것은 기온과 이산화탄소 농도가 지금까지 전반적으로 상승해왔다는 사실이다. 현대 온난화에서 인간이 배출한 이산화탄소가 지구온난화에 얼마나 기여했는지 규명할 수 있는 과학적인 증거나 방법이 없다. 97% 과학자가 동의했다는 논문은 인간에 의한 이산화탄소 배출이 지구온난화에 약간, 거의 미미하게 기여했을 것이라는 데 동의한 숫자까지 포함하고 있다. 기후 위기론자들은 이렇게 나온 결과로 현대 온난화가 대부분 인간에 의한 것임을 확실히 지지하고 있는 것처럼 거짓 주장을 했다. 하지만 이들의 주장은 2015년에 와서 관련 논문 11,944편 중 단지 0.3%만이 지금의 온난화 대부분이 인간에 의한 것임을 명시했다는 사실이 밝혀지면서 철퇴를 맞았다. 더구나 과학을 합의로 결정하려는 발상 자체가 잘못됐다. 과학은 머릿수를 헤아려 진리를 찾는 것이 아니다. 기후 위기론자들이 확실한 근거를 제시하지 못하고 합의를 주장하는 것은 명백한 결함이 내재하고 있음을 인정하는 것에 불과하다. 주목할 것은 미국 과학자들이 기후 위기론을 부정하는 오리건 청원을 통해 정부가 기후변화협약에 비준하지 말 것을 촉구했다는 사실이다.

## 제8장

# 가뭄과 산불
## - 검증된 정반대 이론

기후변화로 많은 지역에서 가뭄의 빈도와 강도, 그리고 지속
기간의 증가가 예상되며, 계속되는 가뭄은 지역사회의 토지
사용과 거주 방법에 대한 근본적인 변화를 가져올 것이다.

— 국가 가뭄극복 위원회(National Drought Resilience Partnership)

길어지는 가뭄은 타들어 가는 잔디밭 그 이상을 의미한다.
가뭄 상태는 미국에서 깨끗한 식수를 구하기 어렵게 하고,
통제 불능의 산불에 기름을 뿌리는 격이며, 그 결과 황사, 극
심한 더위, 급작스러운 홍수가 발생하게 된다.

— 자연자원보호협회(NRDC: Natural Resources Defense Council)

## 8.1. 가뭄이 줄어드는 이유

수많은 지구온난화 이야기에서 가장 자주 등장하는 것 중 하

나는 가뭄이다. 이미 전 세계 수억만 명의 사람들에게 잘 알려진 간단하고 이해하기 쉽고 겁을 주는 이야기다. 국가통합가뭄정보시스템(National Integrated Drought Information System)에 의하면 2017년 초 미국에서만 전 국토의 8분의 1에 해당하는 지역과 8천만 명이 가뭄에 시달렸다(그림 III-2).

미국 내에서는 허리케인(태풍)만이 가뭄보다 더욱 심각한 경제적인 피해를 발생시킨다. 이는 허리케인 카트리나(Hurricane Katrina) 때문에 그렇게 된 것이다(Rots and Lott, 2003). 가뭄은 과거에도 그래 왔듯이 쉽게 악마로 변신하게 된다. 가뭄은 국지적인 산불과 물 부족을 초래할 뿐만 아니라 식량과 상품 가격에 폭넓은 영향을 미친다. 자연자원보호협회(NRDC)처럼 가뭄으로 인해 점차 증가하는 해로운 영향에 관해 우리에게 경고하는 자들은 옳은가? 이러한 예측들은 과학적인 증거로 뒷받침되고 있나?

지구온난화가 가뭄을 초래하고 있다고 대중들을 설득하기는

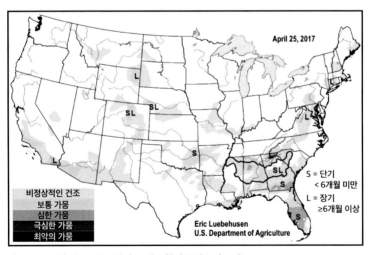

| 그림 III-2 | 미국 가뭄 감시(국가통합가뭄정보시스템)

쉽다. 어쨌든 더욱 따뜻해진 온도는 더욱 건조한 상태로 이어지게 되고, 그렇게 가뭄이 되는 것이다. 이는 명백한 것처럼 보인다. 많은 기후과학자들과 정부 기관들은 인간이 초래한 기후변화로 인해 가뭄이 점점 더 빈번해지고 더욱 극심해지고 있다고 공언했다.

1999년부터 2016년까지 미국 서부를 강타한 극심한 가뭄으로 인해 우려가 고조되었다. 여기에 인접한 미국의 절반 정도는 보통 가뭄에서 극심한 상태의 가뭄을 나타냈고 저수량 감소에 시달려야 했다. 인간에 의한 기후변화로 건조해졌기 때문이라고 하는 기후학자들의 말을 인용하지 않은 뉴스 보도는 거의 없었다.

다시 한번, 우리가 알고 있는 기후 '전문가'들의 예측과 결론을 생각해보자. 그렇다면 데이터는 우리에게 무엇을 말하고 있는가?

그림 Ⅲ-3은 지구의 식생 밀도가 감소하는 지역(갈색)에 대비하여 증가하는 지역(초록)을 나타낸 지도다. 이는 지구 종말론 예언자들이 우리에게 말했던 지구가 먼지로 뒤덮이는 것이 아니라 이산화탄소 시비효과와 따뜻해진 기온이 지구를 푸르게 해왔음을 보여주고 있다.

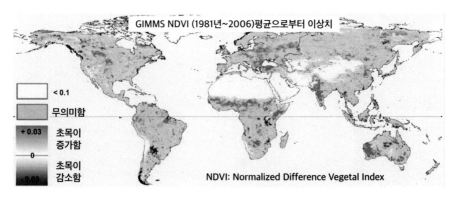

| 그림 Ⅲ-3 | 기후변화로 인해 지구의 상당 부분이 푸르게 변하고 있다.(de Jong, 2011)

그림 Ⅲ-4와 Ⅲ-5은 미국 정부 기관이 제공한 가뭄 관련 그래프다. 첫 번째는 연방환경보호청(EPA)이 제공한 파머 가뭄지수(Palmer drought-severity index)다(그림 Ⅲ-4). 두 번째는 국립해양기상청(NOAA) 그래프(2017a)로 지난 120년 동안 평균보다 그해의 미국 지역 강우량이 높았는지 아니면 낮았는지를 보여준다(그림 Ⅲ-5). 이 두 장기간의 데이터 세트에서 가뭄의 빈도가 높아졌다거

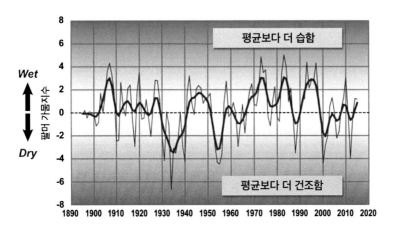

| 그림 Ⅲ-4 | 1895년부터 2015년까지 평균 가뭄 조건에 대한 파머 가뭄지수 (EPA 2016a)

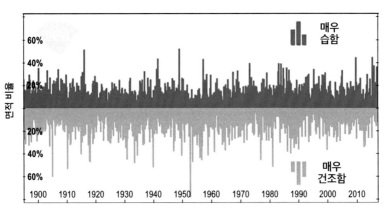

| 그림 Ⅲ-5 | 1895년부터 2017년까지 미국에서 매우 습함과 매우 건조함 비율 (NOAA 2017a)

나 가뭄의 세기가 더 강해졌다는 사실은 나타나지 않고 있다.

그림 Ⅲ-6는 전 세계에서 발생한 가뭄 상태를 단계별 퍼센트로 보여주고 있다. 이 자료는 1980년대 초부터 전 세계의 가뭄이 감소하고 있음을 나타낸다.

20세기에 있었던 가장 극심하고 오래 지속되었던 가뭄을 검토한 결과 30건이 확인되었다(Narisma, 2007). 여기에는 1930년대 미국 중서부 지역의 '먼지 구덩이(Dust Bowl)' 재앙과 1960년대의 '아프리카 사헬(African Sahel)' 사막화도 포함되어 있다. 신기하게도, 가뭄의 거의 75%는 1960년대 이전에 발생했는데 이는 대기에 이산화탄소가 급증하기 훨씬 이전이다. 이것과 또 다른 연구에서도 기온과 이산화탄소가 증가하고 있음에도 가뭄이 현저하게 감소하고 있음을 그림에서 볼 수 있다(그림 Ⅲ-7). 이것은 가뭄이 증가할 것으로 예측한 것과는 반대되는 현상이다.

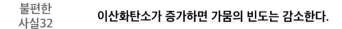

불편한
사실32    **이산화탄소가 증가하면 가뭄의 빈도는 감소한다.**

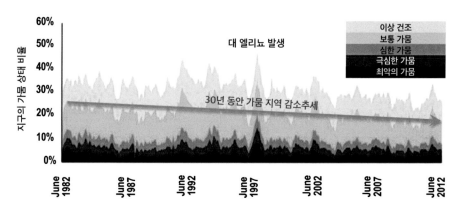

| 그림 Ⅲ-6 | 지구의 가뭄 상태 비율(1983년 6월부터 2012년 6월까지)(Hao 2014)

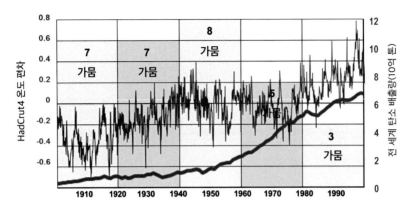

| 그림 III-7 | 전 지구적 극심하고 지속적인 가뭄 대비 기온 변화 및 탄소 배출량
(자료: 가뭄 Narisma 2007, 온도 HadCrut4, 탄소 Boden 2016)

**불편한
사실32**　　　　　　　**기온이 상승하면 가뭄은 줄어든다.**

훨씬 더 장기적인 관점에서 가뭄을 검토해보자. 예를 들어, 미국 서부 지역의 가뭄을 1,000년 이상 거슬러 올라가 보면, 기후 재앙이 임박했다는 공식적인 입장이 매우 불편해지는 기록을 발견하게 된다(Cook, 2007). 연구를 통해 재구성하면 과거 전례 없이 극심하고 장기간에 걸친 몇 개의 대가뭄(Megadroughts) 발생이 드러난다(그림 III-8). 이런 가뭄들은 북미 대륙의 현대 사회에서는 절대로 발생한 적이 없다.

가뭄 발생이 줄어들 것으로 예측되는 과학적인 근거가 있다. 기온 상승과 이산화탄소 증가는 함께 작용하여 전 세계 많은 지역의 토양 수분을 증가시키는 중복 효과를 발휘한다.

우리가 이 책 앞부분 온실효과 절에서 공부했듯이, 대기는 따뜻해질수록 더 많은 수증기를 머금게 된다. 더 많은 수증기는 비

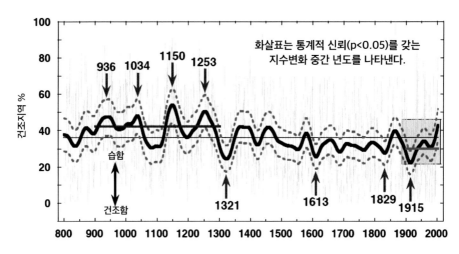

| 그림 III-8 | 북미 서부지역의 장기간에 걸친 건조 지수 변화(Cook 2007)

가 되어 내린다. 지구온난화로 강수량이 증가하게 되면 사하라 서부의 사헬처럼 한때 가뭄이 심했던 지역에 영향을 주게 된다. 수증기의 증가는 곧이어 더 많은 강우량으로 이어지며, 그로 인해 과기 사막 또는 반건조 지역의 식생이 엄청나게 증가한다(Seaquist, 2009). 독일 막스플랑크 연구소(Max Planck Institute)의 마틴 클라우센(Martin Claussen)은 "공기의 수분 보유 능력이 주된 원동력이다"라고 했다. 지난 30년 동안 사하라 사막의 약 30만 평방킬로미터가량이 푸르러져 유목민 부족들이 살아생전에 정착한 적이 없었던 곳으로 되돌아가고 있다고 보고되었다.

독일 쾰른대학교(University of Cologne) 아프리카 연구팀의 스테판 크뢰펠린(Stefan Kröpelin)은 2008년 사하라 서부지역을 방문한 후, 다음과 같이 말했다. "이제 사람들이 수백 년 혹은 수천 년 동안 사용되지 않았던 지역에서 낙타를 방목하고 있습니다. 새, 타조, 영양(Gazelle)이 돌아오고 있으며 심지어 양서류까지도 다시 나타나고 있습니다. 이러한 추세는 지난 20년 이상 계속되고 있습니다. 이는 논쟁의 여지가 없습니다(Owen, 2009)."

앞서 이산화탄소에 관해 설명한 부분에서 가스 농도가 증가한다는 것은 식물의 기공이 오랫동안 열려있을 필요가 없기 때문에 수분 증발을 줄이고 토양의 수분함량을 증가시킴을 의미한다는 것을 기억할 것이다. 토양의 수분 함유로 가뭄 내성이 증가하는 현상은 이산화탄소 농도가 상승함으로 나타나는 주요 혜택이다. 이와 같은 불편한 사실들은 걷잡을 수 없이 사막화로 치닫고 있다는 지구 종말론적 주장과는 반대되는 것이다.

증거는 확실하다. 지금 우리가 경험하고 있는 기후변화와 가뭄 사이의 이 유일한 연결고리는 가뭄 사례들이 점점 줄어들고 강도도 낮아지는 현상으로 나타나고 있다. 이는 인류와 지구 생태계에 엄청나게 긍정적인 혜택인 것이다. 하지만 기후 재앙을 부추기는 사람들은 계속해서 정반대의 주장을 하고 있다.

## 8.2. 줄어드는 산불에 공포의 부채질

지구온난화가 기온, 강수량, 토양 수분에 미치는 영향으로
인해 산불 시기에 많은 숲에서 화재가 발생한다.

— 미국 참여과학자 모임(Union of Concerned Scientists)


우리가 아무리 열심히 노력한다고 하더라도 산불은 점점 확
대될 것이고 그 이유는 명백하다. 우리는 앞으로 이전 세대
에 발생했던 화재들보다 더 큰 화재가 일어날 것에 대비해
야 한다.

— 파크 윌리엄스(Park Williams), 컬럼비아대학교 연구원


많은 지구 종말론적 기후 재앙 신화들과 같이, 언론과 '기후
전문가', 그리고 일반 대중들 사이에서 인간에 의한 기후변화 때
문에 산불이 그 빈도와 규모 면에서 점차 가속화되고 있다는 주장
이 널리 받아들여지고 있다. 가뭄과 사막화 그리고 불볕더위와 함
께, 날씨가 더워지면 산불이 자주 발생한다는 사실은 당연한 상식
으로 보인다. 전문 지식이 없다면 사람들은 더워지고 건조해진 날
씨는 더욱 빈번한 화재로 이어지게 된다고 논리적으로 압축할 할
수 있다.

언론 매체는 특히 산불이 치명적일 때, 극적인 영상과 사진을
방송함으로써 시청률을 끌어올린다. 대형 화재가 발생하고 있을
때면, 언론에서는 인간에 의한 지구온난화가 생명과 재산 손실의
원인이라는 기후 '전문가'의 의견을 내보낸다.

언론 매체에서는 진실이 밝혀지는 일이 거의 없기 때문에 지금까지 많은 독자들은 점점 증가하는 산불의 발생 빈도와 그 맹렬함은 인간이 야기한 지구온난화로 인한 것이라 추측했을 것이다.

이것(산불)은 정말 지구온난화가 어떤 것인지를 보여주는 쇼윈도에 해당한다. 이것은 건조하고 뜨거운 열과 같다. 지구온난화는 이런 식의 재앙일 것이다.

— 마이클 오펜하이머(Michael Oppenheimer) 박사,
미국 프린스턴대학교 지구과학 교수

다수의 과학적 연구들은 우리가 이미 예측력에 치명적인 결함이 있음을 확인한 기후 모델들에 근거하여 앞으로 많은 산불이 발생할 것으로 예측하고 있다. 다행스럽게도, 우리는 최근과 오랜 과거에 있었던 산불의 발생 빈도를 연구할 수 있는 데이터가 있다. 실제 자연에서 관측된 데이터는 오펜하이머 교수와 같은 '전문가'들이, 사실, 이 문제에 관해 엄청나게 잘못 알고 있음을 지적하고 있다.

우리는 언론과 기후 위기론을 주장하는 단체들이 퍼뜨리는 가짜 뉴스와는 전혀 다른 이야기를 알려주는 실제 데이터를 살펴볼 것이다. 국가 관계부처 합동소방센터(National Interagency Fire Center)는 미국 내 산불과 관련된 광범위한 정보를 제공한다(NIFC 2017, 그림 III-9). 이 데이터는 지난 30년간 산불 발생 건수가 감소하고 있음을 명확하게 나타내고 있다. 이 단순한 사실은 우리가 이 주제에 대해 여태까지 들었던 모든 것들과 확실히 반대된다.

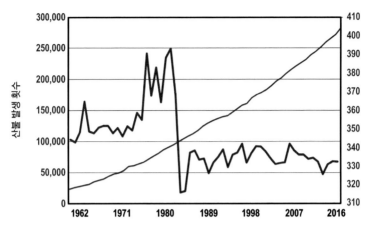

| 그림 III-9 | 이산화탄소는 증가하지만 산불은 감소하고 있다.
(자료: Fires: NIFC 2017; CO$_2$: Tans 2017)

**불편한
사실34**　　　**북반구 전역의 산불은 감소하고 있다.**

　　캐나다 산림청(Canadian Forest Service) 과학자들이 지난 150년
간 북아메리카와 북유럽의 산불 발생 빈도에 관해 기온과 이산화
탄소 농도를 비교하는 연구를 했다(Flannigan, 1998). 그들의 연구
결과는 지구 종말론을 퍼뜨리는 자들의 예측과는 반대였다. 연구
자들은 대기의 이산화탄소 증가와 전 세계적으로 감소하고 있는
산불과의 연관성을 증명했다. 그들은 산불이 감소하는 것은 이산
화탄소 시비(Fertilization)효과와 기온 상승으로 토양이 더욱 많은
수분을 함유할 수 있게 되었기 때문이라고 분석했다. 그들의 논문
개요는 읽어볼 가치가 있다.

　　소빙하기 말(1850년경) 이후 기온 상승에도 불구하고, 북미와

유럽의 많은 현장 연구에서 나타나듯이, 산불 발생 빈도는 감소해왔다. 우리는 1850년 이후의 지구온난화는 산불 발생 빈도의 감소를 촉발시켜 왔다고 믿는다.

— 마이크 플랜니건(Mike D. Flannigan),
캐나다 앨버타대학교(University of Alberta) 교수

2014년에 이루어진 한 연구에 따르면 지난 20세기와 21세기 초에 전 세계적으로 불에 탄 면적이 크게 감소한 것으로 나타났다(Yang, 2014, 그림 Ⅲ-10). 저자들은 특히 대부분 북미와 유럽과 같은 고위도 지역의 산불 감소는 근본적으로 이산화탄소 농도 상승 때문으로 분석했다. 이산화탄소 시비효과로 토양의 수분함량이 증가하여 가뭄이 감소하는 추세를 보이는 것처럼, 20세기에 상당한 양의 이산화탄소가 대기에 추가되기 시작하면서 틀림없이 산불 발생을 억제해오고 있다고 추정했다.

언론과 기후 위기론자들은 데이터가 보여주는 사실과 전혀 다른 이야기를 하고 있다. 우리가 여러 해 동안 들어왔던 것처럼 산

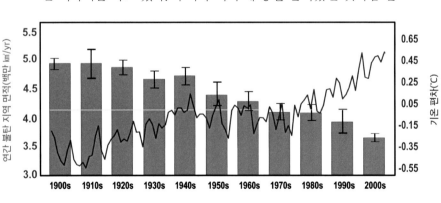

| 그림 III-10 | 10년 단위로 본 전 지구의 불탄 지면 넓이
(자료: 불탄 지역 면적, Yang 2014; 기온: HadCRUT4 2017)

불의 발생 빈도와 강도가 증가하기보다는 오히려 기온 상승으로 인해 높아진 대기 이산화탄소의 농도와 증가한 수증기 함량으로 산불 발생이 감소하고 있다. 이는 다른 사람들의 비극적인 상황을 무자비하게 이용하여 자신들의 목적을 위해 기금을 모으는 화석연료 반대 단체들에게는 매우 불편한 사실이다. 앞으로 이산화탄소가 증가하면 산불 발생이 감소한다는 사실이 알려지면 산불을 이용하여 기금을 호소하기란 매우 어려울 것이다.

**불편한 사실35**  **이산화탄소 증가 》 이산화탄소 시비효과 》 토양 수분 증가 》 나무 성장 속도 향상 》 산불 감소**

## 요약

기후 위기론자들은 인간이 초래한 지구온난화로 가뭄이 점점 더 빈번해지고 더욱 극심해지고 있다고 주장한다. 하지만 관측 자료는 1980년대 초부터 전 세계 가뭄이 감소하고 있으며, 이산화탄소 시비효과와 따뜻해진 기온이 지구를 푸르게 해왔음을 보여주고 있다. 가뭄이 감소하는 것에는 과학적인 근거가 있다. 대기에 이산화탄소 농도가 증가하면 식물의 기공이 오랫동안 열려있을 필요가 없다. 그래서 수분 증발을 줄이고 토양의 수분 함량을 증가시킨다. 또 지난 30년간 산불 발생 건수가 감소하고 있음이 명확하게 나타나고 있다. 이 현상은 이산화탄소 시비효과와 기온 상승으로 토양이 더욱 많은 수분을 함유할 수 있게 되었기 때문이다.

# 식량 부족과 기아
## - 따뜻한 날씨가 최고 해결책

## 제9장

지구온난화로 인해 수많은 문제가 발생할 것이다. 세계 농업에 가해질 위험은 지구온난화로 인한 가장 중요한 문제 중 하나로 나타나고 있다.

— 윌리엄 클라인(William R. Cline), 피터슨 국제경제연구소 및 세계개발센터
(Peterson Institute for International Econonics and Center for Global Development)

기후변화는 기아 퇴치를 위한 투쟁에서 인류가 승리하는 데 가장 큰 위협이 되고 있다.

— 위니 비아니마(Winnie Byanyima), 옥스팜 인터내셔널(Oxfam International) 대표

## 9.1. 기아 해결책

영국의 의학저널 랜셋(The Lancet)에서 널리 인용되는 한 논문

은 2050년에 이르면 기후변화로 인한 기근으로 50만 명 이상의 추가 사망자가 발생할 것으로 예측했다. 저자는 "기후변화를 방지하면 관련된 많은 사망자를 막을 수 있다" 그리고 식량에서 나타나는 부정적인 변화는 "다른 기후 관련 건강 영향을 초과할" 것이라 했다(Springmann, 2016). 여기에 포함된 의미는, 우리가 지금 저탄소 계획을 받아들이지 않으면 우리는 전 세계적으로 발생하는 사망에 직접적인 책임이 있다는 것이다. 나는 진정 그러한 책임을 지고 싶지 않다. 독자들도 나와 같을 것으로 확신한다. 그렇다면 데이터를 살펴보자.

이 논문과 기타 기근을 예측한 수많은 연구는 과장된 기온 모델과 증가하는 가뭄과 폭염이 식량 생산을 감소시킬 것이라는 추측에 근거하고 있다는 사실을 명심해야 한다. 하지만 역사적으로 따뜻한 날씨는 항상 더 많은 농작물 수확을 가능하게 했던 반면, 한랭한 시기는 기근과 엄청난 인구감소를 가져왔다.

우리는 대기의 이산화탄소 증가와 기온 상승이 기근이 아닌 풍부한 식량 생산으로 이어진다는 것을 여기서 보게 될 것이다. 모든 주요 지표에 따르면 전 세계의 식량 생산량은 증가하고 있다. 이는 기후변화에도 불구하고 증가하는 것이 아니라 기후변화가 그 증가에 일부 기여하고 있다. 따뜻한 날씨는 식물의 성장기를 늘이고 대기의 수분함량을 증가시킨다. 이산화탄소 시비는 전 세계의 토양 수분을 증가시키면서 동시에 식물이 가뭄으로부터 더욱 잘 견딜 수 있도록 하고 성장을 촉진한다.

**불편한 사실36**      **대기에 이산화탄소가 더 많아진다는 것은 모든 사람에게 더 많은 식량을 공급한다는 것을 의미한다.**

48쪽의 그림 I-14를 한번 더 살펴보자. 이 그림은 대기의 이산화탄소가 산업화 이전 농도의 2배로 증가하면 세계 식량의 95%에 해당하는 45개 작물의 생산이 증가될 수 있다는 것을 보여준다. 이것과 기타 수백 개의 연구에 근거하면, 우리는 이산화탄소 농도 증가가 식량 생산을 현저하게 증가시키는 것으로 예상할 수 있다. 이산화탄소 농도가 600ppm에 도달하면 상위 10개 식량 작물의 바이오매스는 3분의 1 이상 증가할 것이다. 이드소(Idso, 2013)는 그림 I-14에 제시된 45개 작물들은 1961부터 2011년까지 50년 동안 증가한 이산화탄소에 의해 늘어난 수확량이 약 3조 달러에 달한 것으로 추정했다.

**불편한 사실37**      **지구가 사막화되는 것이 아니라 더욱 푸르러지고 있다.**

그림 III-3에서 보았듯이, 지난 25년간 지구는 사막화되는 것이 아니라 더욱 푸르게 변하고 있다는 것이 연구를 통해 밝혀졌다(de Jong, 2013). 이러한 변화가 사실이라는 것은 NASA의 위성 데이터를 이용한 최근 연구에서 지난 35년간 녹음이 우거진 지역이 증가했다는 결과로 입증되고 있다(그림 III-11). 주(Zhu, 2016)에 의하면 지구의 단 4%는 갈색으로 변하고 있지만, 지구 표면의 25%에서 50%는 녹화 현상이 뚜렷이 나타나고 있다. 중요한 사실은 논문 저자들이 대부분의 녹화가 이산화탄소 시비효과에 의한 것으로 보고 있다는 것이다.

1982년부터 2015년까지 녹지 변화

< −30% < −15%  −5%  +5%  +15%  +25%  +35%  > +50%

| 그림 III-11 | 지구의 녹지 변화. 이산화탄소는 지구를 푸르게 한다.
(Zhu 2016, Myeni의 허가로 게재함)

**불편한 사실38**  　　**농작물의 성장 기간이 길어지고 있다.**

　온난화는 농작물의 성장 기간이 길어짐으로 인해 추가 재배를 가능하게 하여 식량 생산량을 증가시키고 있다(그림 III-12 참조). 농작물을 얼어 죽게 하는 서리는 이른 봄에 끝나고 늦가을에 다시 시작된다.

**불편한 사실39**  　**더 많은 이산화탄소와 더 따뜻한 날씨는 전 세계 식량 생산량이 증가한다는 것을 의미한다.**

　해마다 식량 생산량을 증가시키는 전 세계의 놀라운 능력은 기계화, 농업 혁신, 이산화탄소 시비효과, 그리고 따뜻한 날씨 덕

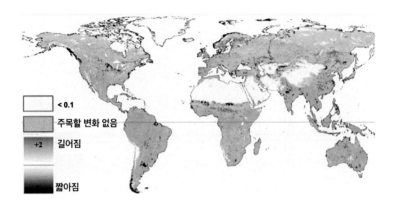

| 그림 III-12 | 성장 기간의 변화추세(1981년부터 2006년까지)(de Jong, 2011)

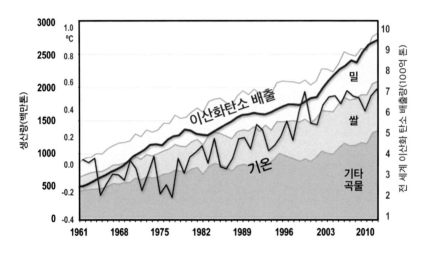

| 그림 III-13 | 1961년부터 2014년까지 세계 곡물 생산, 탄소 배출 및 기온 변화
(자료: 곡물 UN FAO 2017, 탄소 Boden 2016, 온도 HadCRUT4 2017)

분이다. 그림 III-13와 III-14에 제시된 세계 곡물 생산량과 단위면
적당 수확량은 기후변화가 가져온 긍정적인 효과만으로 농작물과
식량 생산이 꾸준히 증가해왔음을 보여준다.

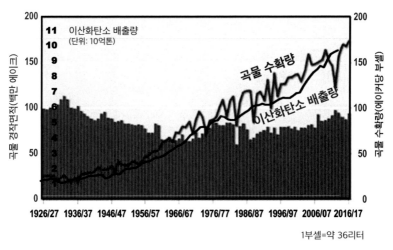

| 그림 III-14 | 전 세계 경작면적당 곡물 수확량(1936/37년부터 2016/17년까지)
(경작 면적과 곡물 수확: USDA 2017, 탄소: Boden 2016)

## 9.2. 급증하는 식량 생산

　　미국 농무성(USDA)에 따르면, 옥수수는 세계 곡물 거래 종목 가운데 가장 큰 부분을 차지하며 미국은 세계 최대 생산국가다. 그래서 옥수수는 미국의 가장 중요한 농산물 중 하나이며 스위트 콘(삶아 먹는 옥수수), 옥수수 가루, 토르티야(Tortillas), 고과당 옥수수 시럽, 그리고 감사하게도 버번위스키도 만들 수 있다. 옥수수 는 또한 소, 닭, 돼지를 살찌우는 주요한 사료가 된다. 그림 III-15 에서는 매년 이산화탄소 배출량이 증가하면서 기후 종말론을 추종하는 자들이 예측하는 부정적인 영향보다 옥수수 생산량이 엄청나게 늘어나는 현상을 볼 수 있다.

　　미국의 옥수수 생산은 환경운동가들의 입장을 곤란하게 하고 있다. 한쪽에서는 수상한 기후 모델에 근거하여 식량 생산 감축

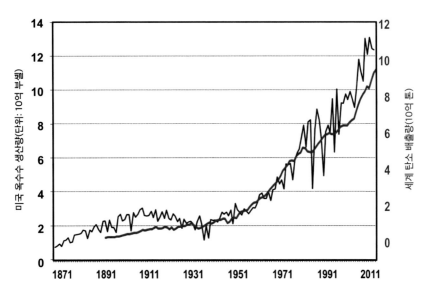

| 그림 III-15 | 탄소 배출량의 증가에 따라 늘어나는 미국의 옥수수 생산량
(자료: 옥수수 생산량 UMiss 2011, 탄소 배출량, Boden 2016)

을 예측하여 심한 공포감을 조장하면서, 다른 쪽에서는 화석연료를 적으로 돌리는 그들이 옥수수로 에탄올을 생산하여 운송 분야에 석유 사용을 대체하도록 부추기는 모순 때문이다. 즉, 에탄올 생산에 사용되는 옥수수 경작 토지는 더 이상 세계의 기아 해결에 기여할 수 없게 된다. 2008년, 유엔 식량권 보고관(United Nations' Rapporteur for the Right to Food)인 허르 장 치글러(Herr Jean Ziegler)는 "토지를 식량 생산에서 바이오 연료 제조로 전환하는 것은 반인류적 범죄"라고 주장했다.

　미국에서 에탄올 생산으로 전환되는 옥수수의 비중은 1990년대 후반 단 몇 %에 불과했던 것이 최근에는 39%로 급증하고 있다(그림 III-16). 한편 미국 정부는 2016년에 수확량의 42%를 에탄올

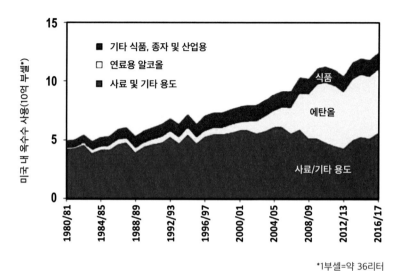

| 그림 III-16 | 1980/81년부터 2016/17까지 미국에서 자동차 연료로 사용된 옥수수
(USDA, 2017)

생산에 사용하도록 의무화했다. 쓸데없는 환경주의자들의 요구 때문에 미국은 식품을 전 세계 가난한 사람들의 생존을 위한 양식으로 사용하는 대신 자동차 연료를 만들어 공급하는 방향으로 계속 나아가고 있다.

  지구온난화로 식량 생산이 줄어들고 기근이 발생한다고 알려져 있다. 하지만 역사적으로 따뜻한 날씨는 항상 더 많은 작물 수확을 가능하게 했던 반면, 한랭한 시기는 기근과 기아로 인한 인구 감소를 가져왔다. 따뜻한 날씨는 식물의 성장기를 늘리고 대기의 수분을 증가시키기 때문이다. 또 이산화탄소 시비는 토양의 수분 함량을 증가시키고 식물이 가뭄으로부터 잘 견딜 수 있도록 하며 성장을 촉진한다. 이를 증명하듯 지난 25년간 지구는 사막화되는 것이 아니라 더욱 푸르게 변해왔다는 것이 연구를 통해 밝혀졌다.

  지난 50년 동안 세계 식량 생산은 급증했다. 기후변화에도 불구하고 급증한 것이 아니라 증가한 기온과 늘어난 이산화탄소가 기여했기 때문이다. 관련 연구는 세계 식량의 95%에 해당하는 45개 작물이 1961년부터 2011년까지 50년 동안 증가한 이산화탄소에 의해 늘어난 수확량이 약 3조 달러에 달할 것으로 추정했다. 또 이산화탄소 농도가 600ppm에 도달하면 상위 10개 식량 작물의 바이오매스는 3분의 1 이상 증가할 것으로 예측했다. 최고의 기아 해결책은 이산화탄소 증가와 기온 상승이다.

# 기온과 생명
## - 더위는 삶, 추위는 죽음

제10장

21세기 말까지 불볕더위는 평균 화씨 10도(섭씨5.6도)가량 더 높을 수 있다.

— 자연자원보호협회(NRDC) 2017

지구온난화는 더욱 빈번하고 극심한 불볕더위를 일으키고 있으며, 그 결과는 취약계층 사람들에게 심각한 영향을 줄 것이다. 이는 도시 지역의 대기 오염은 더욱 심해질 것이며, 심장마비, 뇌졸중, 천식 발작이 증가한다는 것을 의미한다. 어린이, 노인, 빈곤층, 유색인종은 이러한 영향에 특히 취약하다.

— 아만다 스토트(Amanda Staudt) 박사,
국립야생동물연맹(National Wildlife Federation) 기후과학자

## 10.1. 폭염 사망률

지난 세기 이산화탄소 증가와 온난화의 관련성을 지지해온 단체들과 모든 정부 기후 부처들은 인간에 의한 지구온난화로 폭염과 관련된 사망이 엄청나게 증가할 것이라는 평가를 사실로 명시하고 있다. 국가기후평가(National Climate Assessment)는 2014년 "최근 들어 폭염 발생 건수가 증가하고 있다"라고 밝혔다. 절대 신뢰할 수 없는 미국의 지구변화연구 프로그램(U.S. Global Change Research Program)은 다음과 같은 주장을 했다(USGCRP, 2009):

- 폭염으로 인한 질병 발생과 사망률이 증가할 가능성이 매우 크다.
- 기온이 상승하고 있으며 극심한 폭염이 발생할 가능성이 커지고 있다.
- 드물게 나타나는 극심한 폭염이 훨씬 더 자주 발생하고 흔해질 것이다.
- 미국에서는 더위가 이미 기후로 인한 사망의 주요 원인이 되었다.

이러한 주장은 과연 옳은 것인가? 그렇다면 과학은 우리에게 무엇을 말하는가? 이 장에서는, 역사적인 기록과 극심한 더위에 대한 불편한 과학적인 사실들을 검토하여, 여러분 스스로 합리적인 판단을 할 수 있도록 충분한 데이터를 제공하겠다.

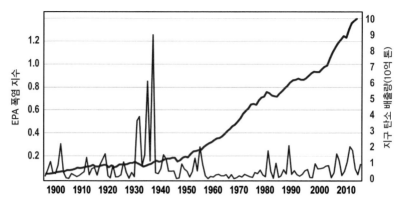

| 그림 III-17 | 폭염을 가져온 것은 탄소 배출이 아닌 자연이다.
(자료: 폭염 EPA 2016b, 탄소 Boden, 2016)

**불편한
사실40**

### 미연방환경보호청(EPA):
### 폭염 발생 빈도가 더욱 잦아지는 것은 아니다.

우선 최근 여러 해 동안 폭염 발생 빈도가 전혀 증가하지 않았음을 보어주는 미연방환경보호청(EPA)의 데이터(2016b)부터 살펴보도록 하겠다. 그런데 인간이 기후에 어떤 심각한 영향도 미칠 수 있기 훨씬 이전인 1930년대에 극심한 폭염이 눈에 띄게 급증한 적이 있었다(그림 III-17).

앨라배마대학 헌츠빌 분교의 존 크리스티(John Christy)는 주 정부 기후학자로 높은 기온에 관한 유용한 그래프를 제공하고 있다(Christy, 2015). 그림 III-18은 미국 전역에 있는 약 1,000개의 국립해양대기청(NOAA) 관측 지점에서 화씨 100도(섭씨 38도)를 초과하고 있는 날들의 %를 나타낸다. 미국 본토의 48개 주(알래스카와 하와이를 제외한)는 지난 80년간 폭염이 감소하고 있다는 점에 주목해야 한다.

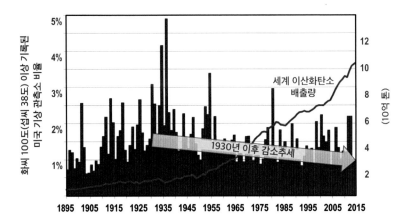

| 그림 III-18 | 탄소 배출량 증가했지만 폭염 발생은 감소했다.
(자료: 기온 Christy 2015, 탄소 배출량 Boden 2016)

**불편한
사실41**                     **폭염 발생이 감소하고 있다.**

1930년대에 발생했던 극심한 폭염 이후 장기간에 걸친 확실한 감소가 있었다. 그림 III-19는 지난 130년간 앨라배마주의 하절기 최고 기온을 매일 기록한 것을 요약한 것으로, 19세기 이후 미국 남동부지역의 극심한 폭염 발생이 감소하고 있다는 것을 확인시켜 주고 있다.

**불편한
사실42**         **해마다 추위는 더위보다 훨씬
더 많은 사람을 사망에 이르게 한다.**

기후 극단론자들은 지구온난화로 인한 폭염과 고온이 전 세계적으로 점점 더 많은 사람을 사망에 이르게 할 것이라고 예측하고 있다. 항상 그랬듯이, 불편한 사실은 이와 다르다. 만약 지구 종말론을 주장하는 자들이 옳았다면, 지난 150년간 있었던 온난화도

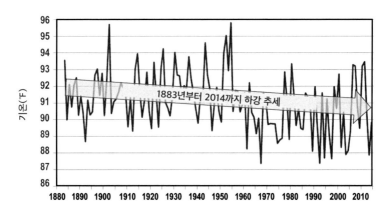

| 그림 III-19 | 앨라배마주는 1883년부터 2014년까지 하루 최고 기온이 하강하는 추세 (Christy 2015)

폭염으로 인해 더욱 많은 사망자가 발생했어야 한다.

불편한 사실은 추위는 더위보다 훨씬 더 많은 사람을 사망에 이르게 한다는 것이다. 추위는 단연코 전 세계적으로 기후로 인한 가장 큰 사망 요인이다. 날씨가 더워지면 기온으로 인한 조기 사망자가 훨씬 줄어들 것이다.

영국과 호주의 기온 관련 사망에 관한 연구 결과를 보면, 추위로 인한 사망은 인구 백만 명당 각각 61명과 33명으로 나타났지만, 더위로 인한 사망은 인구 백만 명당 각각 3명과 2명에 불과했다(Vardoulakis, 2014). 두 나라에서 추위는 더위보다 15배가량이나 더 많은 사람을 사망에 이르게 한다.

현재까지 더위나 추위로 인한 사망에 대한 가장 대규모 연구로, 가스파리니(Gasparrini, 2015)와 세계 각국 협력팀이 1985년에서 2012년 사이 13개국 7,400만여 명의 사망자를 조사한 사례가 있다. 더운 나라로는 태국과 브라질, 온난한 나라로는 호주, 추운

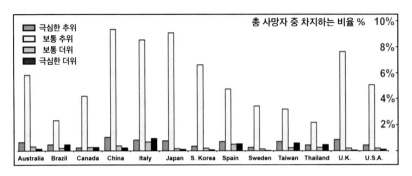

| 그림 III-20 | 더운 날씨가 아닌 추운 날씨가 진짜 살인자다.(Gasparrini, 2015)

나라로는 스웨덴이 포함되었다. 이 연구의 목적은 더위나 추위로 인한 사망자의 숫자를 밝히는 것이었다.

이 연구는 추운 날씨는 더위보다 20배나 많은 사람을 사망에 이르게 한다는 것을 밝혀냈다. 더 나쁜 것은 모든 사망원인 가운데 15명 중 1명은 추위로 인한 것이었다. 반면에 250명의 사망자 가운데 단 1명만 더위로 인한 것이었다. 조사가 이루어진 모든 나라에서 추위로 인한 사망자는 더위로 인한 사망자의 숫자를 훨씬 능가했다(그림 III-20).

그림 III-20에서 기온 관련 사망자들 가운데 상당히 많은 수의 사망이 보통 추위에서 발생한다는 점에 주목할 필요가 있다. 물론 보통 추위는 극심한 추위보다 훨씬 더 자주 발생한다. 하지만 이 수치는 온도가 크게 상승해도 사망에 이르지 않지만, 온도가 아주 조금만 떨어지면 사망에 이르게 할 수 있다는 것을 명확하게 보여주고 있다.

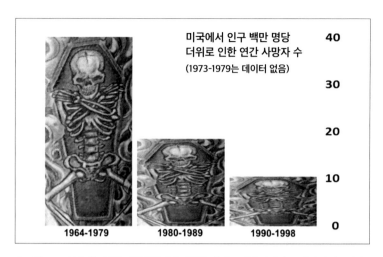

| 그림 III-21 | 날씨는 점점 따뜻해졌지만 따뜻한 날씨로 인한 사망자는 점점 줄어들었다.
(Kalkstein 2011, Davis 2003; Michaels 2012)

**불편한
사실43**        **날씨가 따뜻해지면 기온으로 인한
사망자가 많이 줄어든다는 것을 의미한다.**

**불편한
사실44**        **날씨가 따뜻해지면
매년 수백만 명의 조기 사망을 예방한다.**

그림 III-21은 미국에서 20세기 후반에 여름철 더위로 인한 사망자가 급격히 감소했음을 보여준다(Kalkstein 2011, Davis 2003).

미국에서 1979년부터 2006년까지 더위로 인한 연간 사망률은 10% 줄어든 반면, 추위로 인한 사망률은 37%나 감소했다(Goklany, 2009). 사실 극한 기후로 인한 사망과 사망률은 1920년대 이후 아주 약한 온난화에도 불구하고 급격히 감소하고 있다(그림 III-22).

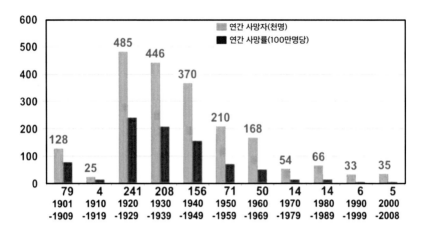

| 그림 III-22 | 미국에서 극한 기후로 인한 연간 사망자와 사망률의 급격한 감소
(Goklany, 2009)

## 10.2. 겨울철 초과 사망률

'겨울철 초과 사망률(Excess winter mortality)'이라는 표현은 추위로 인한 조기 사망에 대해 통계학자들이 사용하는 용어다. 영국 국가통계청은 최근 잉글랜드와 웨일즈에서 겨울 동안 발생한 사망에 관해 연구한 결과 2015~2016년의 겨울에 24,300명의 초과 사망자가 발생했음을 발표했다(그림 III-23). 특히 중요한 것은 영국 통계학자들이 지난 60년간 겨울철 초과 사망의 뚜렷한 감소추세가 지속적으로 나타나고 있음을 밝혀냈다는 사실이다. 오늘날 겨울철에는 지난 1950년대에 비해 절반가량만이 조기 사망에 이른다(그림 III-24).

오늘날 영국에서 추위로 사망하는 사람들은 날씨가 추워서가 아니라 일반 주택이 춥기 때문이다. 지난 20년간 '녹색' 정책으로 에너지 가격이 3배로 상승했고 경제적이지 않은 풍력발전에 정부

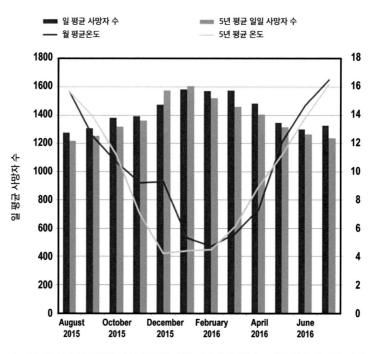

| 그림 III-23 | 영국에서 기온 하강에 따른 사망자 수 증가 - 기온 상승에 따른 사망자 감소(영국 국가통계청, 2017)

는 세금으로 보조금을 지급하고 있다. 사망한 대부분 사람은 세금과 비싼 에너지 가격 때문에 주택의 난방비를 절약하다가 그렇게 됐다. 당연히 의도는 좋지만 잘못된 '지구 살리기' 정책에 의해 전 세계적으로 사망한 사람이 아주 약한 온난화 결과로 인한 사망자보다 훨씬 더 많다고 해도 과언이 아니다.

유럽연합(EU)에서 이루어진 한 연구는 2080년이 되면 추위로 인한 사망자 수의 감소가 더위로 인한 사망자 수의 증가를 크게 앞설 것으로 예측했다(Ciscar, 2009). 저자는 2080년에는 연간 추위로 인한 사망자 256,000명이 지구온난화로 인해 방지될 수 있으

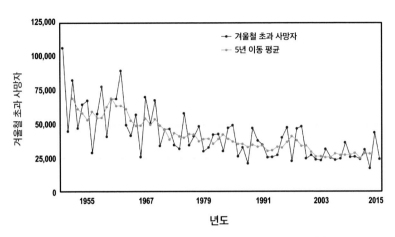

| 그림 III-24 | 좋은 소식 - 추위로 인한 영국인의 사망이 감소하고 있다.
　　　　　　　(영국 통계청, 2017)

며, 이 숫자는 더위로 인한 조기 사망자 162,000명보다 많을 것으로 예측했다(그림 III-25). 이 연구는 유럽에서만 연간 10만 명에 가까운 사람들이 지구온난화 덕분에 조기 사망을 면할 수 있을 것으로 예측하고 있다. 그렇게 된다면 우리는 모두 세계 평균 수명을 연장하는 점점 따뜻해지는 기온을 환영해야 한다.

　미국 지구변화연구 프로그램(Global Change Research Program)은 극심한 더위로 인해 사망률이 증가할 가능성이 '매우 크다', 그리고 '극심한 추위와 관련된 사망 위험이 약간 감소할 것이 예상된다'라는 솔직하지 못한 진술을 내놓았다. 하지만 통계 자료는 전 세계적으로 기온으로 인한 사망자가 감소하고 있으며, 특히 추위로 인한 사망률은 엄청나게 감소한다는 것을 말해준다. 이는 기후 극단주의자들을 제외하고는 우리 모두에게 아주 좋은 현상이다.

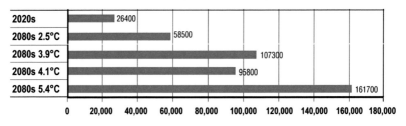

2080년경 유럽의 더위로 인한 사망자 증가

2020s 26400
2080s 2.5°C 58500
2080s 3.9°C 107300
2080s 4.1°C 95800
2080s 5.4°C 161700

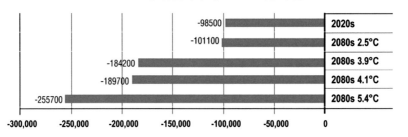

2080년경 유럽의 추위로 인한 사망자 감소

-98500 2020s
-101100 2080s 2.5°C
-184200 2080s 3.9°C
-189700 2080s 4.1°C
-255700 2080s 5.4°C

| 그림 III-25 | 지구가 따뜻해질수록 기온 관련 예측 사망자 수는 감소한다.(Ciscar, 2009)

불편한
사실45

**이산화탄소 농도가 증가하고 기후가 따뜻해지면
폭염은 덜 극심해지고 더욱 짧아진다.**

우리는 이 책의 식량 부족, 산불, 가뭄을 설명한 장에서 이산화탄
소 농도 증가와 더욱 따뜻해진 날씨가 함께 작용하여 전 세계적으
로 토양의 수분함량이 증가했다는 사실을 알게 되었다. 이 과정에
는 대기의 수증기가 증가하고 이산화탄소의 식물 시비효과가 있
었기 때문이다. 1970년부터 2000년까지 유럽에서 발생했던 폭염
에 관한 연구(Fischer, 2007a)와 특히 2003년에 있었던 유럽의 치
명적인 폭염에 대한 연구(Fischer, 2007b)를 통해서 폭염의 주원

인은 토양의 수분함량 감소라는 사실이 밝혀졌다. 이 연구에서는 토양의 수분함량이 정상적인 상태였더라면 더위는 아마도 40% 정도 덜 심했을 것으로 추정했다. 만약 토양이 아주 심하게 건조하지 않았다면 "2003년 여름이 여전히 더웠겠지만, 폭염이 그토록 대단히 치명적이지는 않았을 것이다"라는 것이 최종 결론이다.

## 요약

기후 위기론자들은 지구온난화로 인한 고온과 폭염이 전 세계적으로 점점 더 많은 사람을 사망에 이르게 할 것이라고 주장하고 있다. 하지만 역사적 기록은 1930년대 이후 폭염 발생이 뚜렷이 감소해왔음을 보여준다. 또 추위는 더위보다 20배나 더 많은 사람을 사망에 이르게 한다는 사실이 연구를 통해 밝혀졌다.

최근 영국 통계청은 잉글랜드와 웨일즈에서 2015~2016년 겨울에 24,300명의 초과 사망자가 발생했음을 발표했다. 아이러니하게도 정부의 녹색 정책으로 3배나 상승한 에너지 가격 때문에 주택의 난방비를 절약하다가 그렇게 됐다는 것이다. 지구를 살린다는 허무맹랑한 논리가 수많은 인명을 희생시킨 것이다. 유럽연합에서 이루어진 한 연구는 지구온난화가 계속되면 2080년에 추위로 인한 사망자 수가 감소하여 연간 10만 명에 가까운 사람들이 조기 사망을 면할 수 있을 것으로 예측했다. 지구온난화는 이미 기온으로 인한 순 사망자 수(추위 사망자에서 더위 사망자를 제외한)를 줄였고 앞으로도 그럴 것이다. 더위는 생명을 주고 추위는 죽음을 부른다.

# 제11장 토네이도와 허리케인
## - 줄어드는 회오리바람과 태풍

최근 토네이도(회오리바람)가 점점 격렬하고 치명적으로 변해가는 것은 앞으로 더 많은 폭풍우가 발생한다는 세계적인 추세의 일부에 해당한다.

    — 폴 엡스타인(Paul Epstein), 잡지 'The Atlantic', 2011년 7월 8일


이렇게 극심한 토네이도가 발생하고 있는 상황에서 기후변화를 언급하지 않는 것은 무책임한 짓이다.

    — 케빈 트렌버스(Kevin Trenberth) 박사,
미국 국립대기연구센터(US National Center for Atmospheric Research)


토네이도 발생 횟수는, 이전에 가장 많이 발생했던 때보다 거의 3배나 더 많이 발생하는 것 같지 않습니까? 모든 자연재해에는 뭔가 심상치 않은 일이 일어나고 있습니다.

    — 로지 오도널(Rosie O'Donnell), 로지 라디오(Rosie Radio), 2011년 5월 26일

## 11.1. 토네이도

토네이도는 다른 어떤 형태의 폭풍보다도 더 많은 미국인의 목숨을 앗아가거나 부상당하게 하기 때문에 미국에서 특히 더 두려워한다. 많은 다른 나라들은 회오리바람의 두려움에서 벗어나 있지만, 미국은 세계적으로 가장 많은 연간 1,250여 건의 토네이도가 발생한다. 그다음으로 캐나다는 발생 건수가 한참 아래인 100여 건으로 2위를 차지하고 있다. 대부분 중위도에 있는 다른 나라들도 토네이도가 발생하기도 한다(그림 Ⅲ-26).

미국은 독특한 지형으로 인해 토네이도가 발생하기 쉽다. 로키산맥과 멕시코만은 토네이도를 만드는 맹렬한 폭풍을 일으키는 핵심 원인을 제공한다. 즉, 지표면 가까이 있는 덥고 습한 공기, 상공의 차고 건조한 공기, 그리고 지표면 가까이보다 상공에서 더 빠르게 이동하는 수평 바람이 그 원인이다.

미국 국립해양기상청(NOAA, 2017b)은 토네이도에 대한 초기

| 그림 Ⅲ-26 | 토네이도 세계 분포도(미국 국립해양기상청, 2017a)

역사적 기록은 신뢰할 수 없다고 말한다. "토네이도를 기록하는 데 있어서 가장 어려운 점 가운데 하나는 토네이도이거나 토네이도일 것이라는 증거가 반드시 관찰되었어야 한다는 것이다. 강우나 기온처럼 일정한 계기에 의해 측정될 수 있는 것과 달리 토네이도는 순간적이고 매우 예측 불가능하다. 사람이 살지 않는 광활한 지역에서 발생한 토네이도는 기록으로 남았을 것 같지 않다. 20세기 초반에는 인구가 매우 희박한 지역을 토네이도가 지나가는 길목(Tornado Alley)이라 불렸던 것으로 봐서 엄청난 규모의 수많은 토네이도가 아마 역사 기록에 포함되지 않았을 수도 있다."

인구 증가와 함께 도플러 레이다(Doppler radar) 탐지가 가능해지고 관측 기능이 향상됨에 따라 토네이도 숫자가 최근에 이르러 급증하게 되었다. 이것 때문에 미국 국립해양기상청(NOAA)은 레이더가 나오기 전에 토네이도로 기록된 횟수(Pre-Radar Numbers)는 가장 강력한 토네이도만을 인정할 것을 권장한다. 어마어마하고 파괴적인 토네이도는 더 나은 예고 체계가 시행되기 며칠 전부터라도 쉽게 확인되었을 것이다. 표 III-1은 토네이도의 순위를 보여준다.

| F | 0 | 1 | 2 | 3 | 4 | 5 |
|---|---|---|---|---|---|---|
| 거리 1/4 마일 유지 최고속도(mph) | 40 – 72 | 73 – 112 | 113 – 157 | 158 – 207 | 208 – 260 | 261 – 318 |
| 3초 지속 강풍 최고속도(mph) | 45 – 78 | 79 – 117 | 118 – 161 | 162 – 209 | 210 – 261 | 262 – 318 |

mph: mile per hour

| 표 III-1 | 후지타 토네이도 등급(NOAA, 2017c)

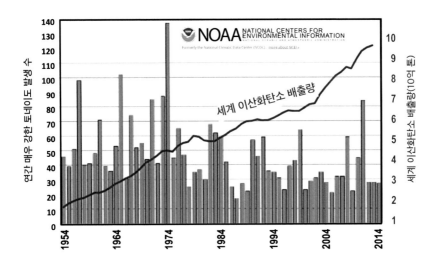

| 그림 III-27 | 매우 강한 토네이도(F3 등급 이상) 발생 건수는 50년 전보다 줄었다.
(토네이도 NOAA 2017b, 탄소 배출량 Boden, 2016)

불편한
사실46 **토네이도 발생 건수는 감소하고 있다.**

불편한
사실47 **2016년 토네이도 발생 건수는 역대 최저치였다.**

이처럼 매우 강한 토네이도(≥F 3.0)를 보여주는 그림III-27는 지난 60년간 토네이도 발생 수가 감소하고 있음을 나타내고 있다.

2016년은 NOAA가 기록한 역대 최저 토네이도 수로 기록되었다(그림 III-28). 어떻게 그럴 수가 있나? 기후변화는 이런 토네이도와 같은 폭풍 발생을 증가시켜야 하는 것이 아닌가? 그 대답은-편향된 언론 매체에서는 들을 수 없는- '아니오'이다. 열대지역이 아닌 곳(아마 열대지역 내에서도), 모든 종류의 폭풍은 날씨가 더

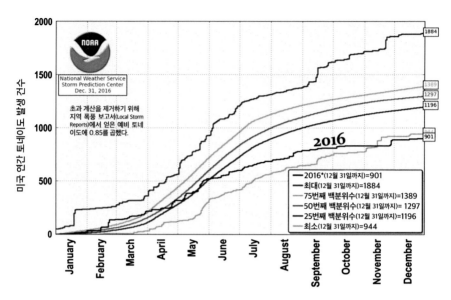

| 그림 III-28 | NOAA 관측에 따르면 토네이도 발생 건수는 2016년에 가장 낮다. (NOAA, 2016)

워지면서 완만하게 줄어들 것으로 예측된다. 이유는 폭풍을 일으키는 원동력은 기온 간의 차이고, 날씨가 더워지면 그 차이가 줄어들기 때문이다.

미국에서 토네이도로 인한 사망자 수(인구 백만 명당)가 장기간에 걸쳐 감소하고 있는 것(그림 III-29)은 관측과 조기 경보 기술이 크게 발전한 것이 주요 원인이지만, 폭풍 발생 감소도 확실히 기여했다.

**불편한 사실48**　　**토네이도로 인한 사망자 수는 감소하고 있다.**

과학과 사실, 데이터가 지난 반세기 이상 관측된 기온 상승과 토네이도 간에는 아무런 관련이 없다는 것을 입증한 것으로는 기후

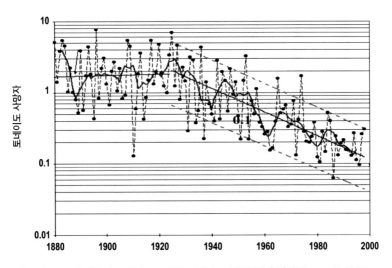

| 그림 III-29 | 미국의 토네이도로 인한 사망자 수(인구 백만 명당)(Doswell, 1999)

극단주의자들이 거의 모든 토네이도 재해를 지구온난화와 관련시
키는 것을 막지 못했다. 과학자도 아닌 로지 오도널(Rosie O'Donnell)
이 토네이도를 기후변화와 연관 지은 근거 없는 발언을 한 것은 결
코 용납될 수 없다. 과학계는 그런 것을 용서하지 않는다.


## 11.2. 허리케인

국립 기상청은 어제 루이지애나를 강타한 허리케인(태풍)을
카트리나라고 명명했다. 그 허리케인의 진짜 이름은 지구온
난화다.

— 로스 겔브스판(Ross Gelbspan),
2005년 8월 30일 보스턴 글로브(Boston Globe) 신문 논평

이는 좋은 현상이 아니다. 허리케인은 지구가 더욱 더워질 수록 더욱 맹렬해질 수 있다. 그런 허리케인은 위협적이고 파괴적이며 엄청난 비용이 든다. 앞으로 발생할 허리케인이 지나간 자리에는 그보다 더 심한 피해의 흔적을 남길 것으로 예측한다.

— 마이클 오펜하이머(Michael Oppenheimer),
프린스턴대학교(Princeton Universit) 지구과학 교수

최강 허리케인의 빈도뿐만 아니라 북대서양 허리케인의 강도와 빈도, 지속 시간 모두 1980년대 초부터 지금까지 계속 증가해왔다. 허리케인의 강도와 강우량은 기후가 계속 따뜻해짐에 따라 증가할 것으로 예상된다.

— 국가기후평가(National Climate Assessment), 2014년

기후 위기론자들은 처음부터 인간에 의한 이산화탄소 배출과 지구온난화를 연관시킨 이후 허리케인의 발생 빈도와 강도, 그리고 지속 기간이 증가할 것으로 예측해왔다. 우리는 모든 허리케인이나 열대성 저기압이 매번 발생할 때마다 언론은 그때 발생한 폭풍우로 인한 피해와 지구온난화의 연관성을 집중적으로 보도할 것이라 확신한다. 온난화와 허리케인의 활성화 간의 관련성에 대한 이론은 피상적으로 매우 그럴듯하다. 지구온난화는 해수면 온도를 상승시켜 열대성 사이클론과 허리케인 발생을 가속화한다. 이는 완벽하게 합리적인 예측인 것처럼 보인다. 하지만 관측된 사실은 달리 말하고 있다.

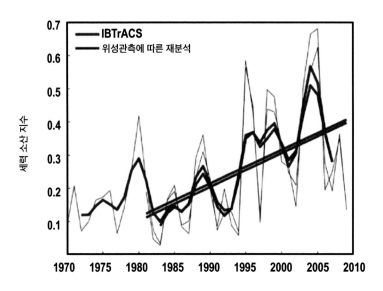

| 그림 III-30 | 유리한 자료만 취사선택(제리피킹)한 북대서양 허리케인 강도 추세 (USGCRP, 2014, Kossin, 2007)

2014년 국가기후평가(National Climate Assessment, 2014) 집필진을 비롯한 허리케인이 온난화로 인해 더욱 강해진다는 개념을 옹호하는 자들은 북대서양 허리케인 세력 소산 지수(Power-Dissipation Index)를 자주 인용한다(그림 III-30). 이 지수는 허리케인 발생 시기 동안 총 강도를 측정하는 요소들을 합한 값이다. 이들은 북대서양 지역에 '강력한 상승 추세'가 있었다고 결론 내렸다. 하지만 이들은 전체적인 이야기는 공개하지 않았다.

패트릭 마이클스(Patrick Michaels)는 자신의 저서 『미온적 온난화(Lukewarming, 2015년)』에서 특이하게도 데이터 세트가 고작 1970년에야 시작되었고, 더욱 이상한 점은 2009년에 종료되었다는 사실을 지적하고 있다. 당시 사용 가능한 것으로 1970년 이전의 장기간의 데이터도 있었고, 추가적으로 2009년 이후 폭풍이

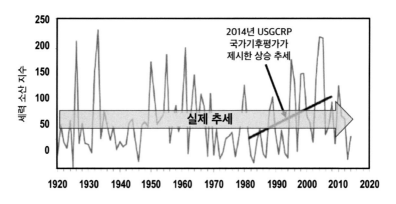

| 그림 III-31 | 북대서양 허리케인 세력 소산 지수(PDI)에 대한 실제 장기간의 추세
(Maue, 2016, Michaels, 2015)

없었던 네 번의 시기가 있었음에도 불구하고 이렇게 한 것이다.
마이클스는 라이언 마우에(Ryan Maue) 박사의 장기간에 걸친 세력
소산 지수 평가를 제시하고 있다. 이것은 대서양에서 허리케인이
발생하지 않은 최근의 몇 년간도 포함한 전반적인 데이터 집합을
포함한다. 2014년의 국가기후평가에 나타난 '상승 추세'는 실제
로는 전혀 상승 추세가 아니었다(그림 II-31).

마이클스는 "데이터 세트는 유용한 자료만 취사선택하는 체리
피킹이 아닌 그 전체를 고려해야 한다"라고 결론지었다.

기후 위기론자들이 더욱 불편하게도 그림 III-30의 데이터를
제공한 연구의 저자들은 다음과 같이 기술했다. "우리는 지난 20
년간 대서양 이외의 바다에서 허리케인(태풍) 강도가 상승하고 있
음을 나타내는 추세를 발견할 수 없었다. 대서양은 전 세계 허리
케인 발생의 15% 미만을 차지하기 때문에, 이 결과는 전 세계적
으로 상승하고 있는 열대 해수면 온도는 전 세계 허리케인 강도가

점점 높아지는 것과 장기적으로 직접적인 연관이 있다는 추정에 이의를 제기한다"(Kossin 2007).

국가기후평가의 집필진은 데이터를 취사선택하여 사용했을 뿐만 아니라 그 데이터 세트를 제공한 자들의 결론을 거짓으로 진술했다.

**불편한 사실49**　　　**최근 자료에 의하면 허리케인의 발생 빈도는 증가하지 않았다.**

그림 Ⅲ-32와 Ⅲ-33은 라이언 마우에(Ryan Maue) 박사가 집계한 전 세계 허리케인과 열대성 폭풍우에 관한 데이터이다. 이 그래프에서는 상승 추세가 나타나지 않는다. 사실 지난 30년 또는 그 이전부터 감소했다는 설득력 있는 주장이 나올 수도 있다.

**불편한 사실50**　　　**지난 250년 동안 허리케인 발생 빈도는 감소해왔다.**

허리케인의 발생 빈도, 강도, 지속 기간의 상승 추세가 나타나지 않고 있음을 재확인하는 차원에서 멕시코 국립대학(National University of Mexico) 연구진은 1749년까지 거슬러 올라가는 데이터를 재검토한 결과 "1749년부터 2012년까지 허리케인 발생 횟수의 선형적 추세는 감소한다"라는 사실을 발견했다(Rojo-Garibaldi, 2016, 그림 Ⅲ-34).

그렇다면 온난화를 조장하는 사람들은 자신들이 예상한 개념과 맞아떨어지는 데이터를 구할 수 없을 때 하는 일은 무엇일까? 정답은 더 많은 연구에 자금을 지원하는 일이다. 예를 들어, 플로

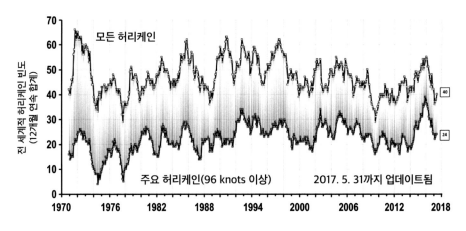

| 그림 III-32 | 전 세계 모든 허리케인과 주요 허리케인 발생 빈도(Maue, 2017)

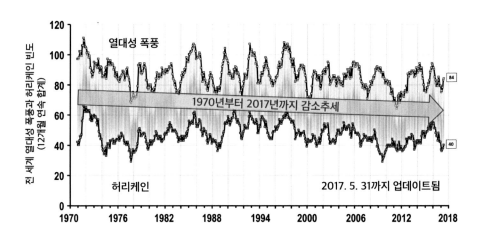

| 그림 III-33 | 전 세계의 열대성 폭풍과 허리케인 빈도는 감소하고 있다.(Maue, 2017)

리다주의 연구진은 허리케인 발생 빈도는 감소할 것이지만 강도
는 더욱 세질 것을 예측하려고 복잡한 기후 모델(그런 모델이 얼마나
잘 작용했는지 기억해 보자)을 사용한 연구를 시행했다(Kang, 2015).
기후 아마겟돈(기후 종말론) 지지자들은 계속해서 두려움을 조장하

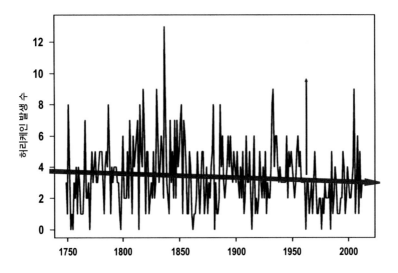

| 그림 III-34 | 허리케인 빈도가 250년 이상 감소했다.(Rojo, 2016)

기 위해 '드물게 발생하지만 더욱 강력해진' 폭풍이라는 발상에
전념했다.

국립허리케인센터(National Hurricane Center)의 기상학자 크리
스토퍼 랜지아(Christopher Landsea)는 지구온난화로 인해 발생했
다는 주요 허리케인의 강도가 얼마나 증가했는지를 보기 위해 증
가한 부분을 정량화했다(Landsea, 2011). 그의 연구는 지난 몇십 년
동안의 온난화는 약 1%가량의 강도 증가로 해석된다는 것을 나
타내고 있다. 카트리나와 같은 5등급 허리케인의 경우, 풍속이
1.6~3.2km/h 정도 빨라지게 된다. 그는 "인간에 의한 지구온난
화로 강력한 허리케인의 경우 최고 풍속일 때 1.6~3.2km/h 정도
생기는 변화는 아주 작아서 오늘날 사용되고 있는 비행기나 위성
기술로는 측정할 수가 없다. 이는 대형 허리케인의 경우 풍속이

약 15km/h일 때만 정확하게 측정된다"라고 했다.

다시 말하면, 예측했던 허리케인의 강도 증가가 너무 작아서 별 의미가 없다.

**불편한 사실51** **온난화로 인한 허리케인 강도의 두드러진 증가는 없다.**

## 요약

미국은 세계적으로 가장 많은 토네이도가 발생한다. 지구온난화로 폭풍이 더욱 강하고 빈번해질 것이라고 언론 매체는 주장했지만 관측된 자료는 감소하고 있음을 보여주고 있다. 이유는 폭풍을 일으키는 원동력은 기온 간의 차이고, 날씨가 더워지면 그 차이가 줄어들기 때문이다. 그래서 모든 종류의 폭풍은 날씨가 더워지면서 완만하게 줄어들게 된다. 또 미국에서 토네이도로 인한 사망자 수가 장기간에 걸쳐 감소하고 있다. 이는 관측과 조기 경보 기술이 크게 발전한 것이 주요 원인이지만, 폭풍 발생 감소도 확실히 기여했다. 기후 위기론자들은 지구온난화로 해수면 온도가 올라가 허리케인의 발생 빈도와 강도, 그리고 지속 기간이 증가할 것으로 예측해왔다. 이는 합리적인 예측인 것처럼 보이지만 관측 자료는 달리 말하고 있다. 전 세계의 열대성 폭풍과 허리케인 빈도는 계속 감소하고 있다.

# 북극곰
## - 따뜻함을 선호하는 온혈 동물

## 제12장

기후변화는 북극곰들을 익사시키고 굶주리게 하고 있다. 만약 온실가스로 인한 기후변화가 북극곰의 서식지인 바다 얼음을 다 녹여버린다면 북극의 대재앙은 100년 안에 북극곰을 완전히 멸종시켜 버릴 것이다. 그리고 미국에서는 2050년경에 북극곰을 더 이상 볼 수 없게 될 것이다.

— 생물 다양성 센터(Center for Biological Diversity)

우리가 분석한 결과 강조하고자 하는 것은, 만약 기후 모델과 기타 여러 연구에서 예측된 것과 같이 해빙 손실이 계속된다면 전 세계 북극곰 개체군이 크게 줄어들 가능성이 있다는 것이다.

— IPCC(2013년)

## 12.1. 늘어나는 개체 수

미국의 어류 및 야생동물관리국(U. S. Fish and Wildlife Service)은 2008년 5월, 북극곰 어수스 마리투스(Ursus maritimus)를 멸종위기종법(Endangered Species Act)에 따라 감소추세종(Threatened Species)으로 지정하였으며, 그들이 먹이를 포획하며 살아가던 바다 얼음이 줄어들기 때문에 개체 수가 3분의 2로 줄어들 것으로 예측했다. 이 결론은 이 상징적인 동물의 수가 감소하고 있다(사실은 그 반대다)는 증거에 의한 것이 아니다. 그들은 앞 장에서 언급한 엉터리 기후 모델로 예측한 미래에 다가올 위험을 근거로 북극곰을 감소추세종 목록에 넣은 것이다.

어류 및 야생동물관리국의 논지는 아래와 같다.

- 지구온난화로 인해 바다 얼음이 줄고 있다.
- 북극곰이 물개 사냥을 하는 데는 바다 얼음이 있어야 한다.
- 사랑스러운 북극곰은 우리의 나쁜 생활 방법을 바꾸지 않으면 굶어 죽거나 익사할 것이다.

카토연구소(Cato Institute) 선임 연구원 패트릭 마이클스(Patrick Michaels)는 "이는 미래 기후 컴퓨터 모델을 근거로, 한 생물종을 멸종 리스트에 올린 최초의 사례"라며 이러한 결정의 배후에 있는 과학계에 이의를 제기했다.

우리는 다시 하얀 털이 북슬북슬한 대단한 북극곰 친구에 관한 진실을 밝히기 위해 사실과 데이터에 근거한 과학을 살펴볼 것이다. 곧 보게 되겠지만 여기서 밝히려는 데이터는 북극곰이 멸종 위기에 처했다는 구실로 기부금을 받으려 하는 환경단체들에게는 완전히 불편하다.

북극곰은 전혀 멸종되지 않고 잘살고 있다. 사실은 이렇다.

- 북극곰 개체 수가 증가하고 있다.
- 얼음 감소가 가장 큰 지역의 북극곰들은 번성하고 있다.
- 북극곰은 이전에 훨씬 따뜻한 시기에도 생존했다.

북극곰의 개체 수를 정확하게 평가하기란 매우 어렵고 위험하다. 북극곰 서식지는 대부분 척박하고, 눈이 많이 내리고, 바람이 많은 지형으로 사람이 지내기 어려운 곳이다. 그래서 곰의 개체 수를 조사하기란 반갑지 않은 일이다. 그뿐만 아니라 인체는 물개 같은 맛이 나기도 해서 곰이 좋아하는 메뉴에 올라있을 정도다.

이러한 역경에도 불구하고, 가장 최근의 개체 수 조사에서는 실제로 북극곰 개체 수는 빠르게 증가하고 있고 50년 만에 최고치를 기록하고 있다(그림 Ⅲ-35). 저명한 북극곰 전문가 수잔 크록포드(Susan Crockford)의 최근 발표에 따르면 현재 개체 수 22,000~31,000마리는 지난 50여 년 동안 가장 높은 추정치라고 한다.

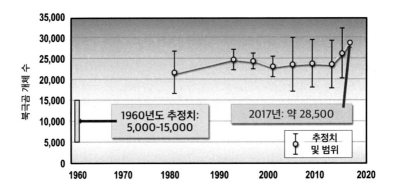

| 그림 III-35 | 1960년에 비해 북극곰이 거의 4배로 늘어남.(Crockford, 2015)

**불편한
사실52**　　　　**북극곰 개체 수는 늘어나고 있다.**

**불편한
사실53**　　　　　　**북극곰은 지난 50년 동안보다
지금 이 시대에 더 많은 개체 수가 살아가고 있다.**

　최근에 이루어진 캐나다 북극곰에 관한 검토연구에서 13개 구역 가운데 12개 구역에서 개체군이 안정적이거나 개체 수가 증가하고 있음이 밝혀졌다(York, 2016, 그림 III-36). 참여 연구원들은 "우리는 캐나다 또는 인접 지역에 사는 북극곰들이 기후변화로 인해 현재 위기에 처해 있다는 주장을 인정할 근거가 없다"라고 결론지었다. 이는 독자들이 지금까지 이런 이슈에 관해서 읽거나 들어왔던 내용과는 상당히 다르다.

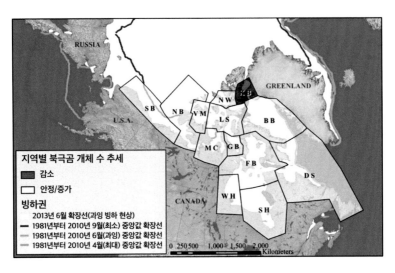

| 그림 III-36 | 13개의 북극곰 서식지 가운데 12개 지역에서 개체 수가 늘어나고 있다.
(York, 2016)

**불편한
사실54**　　　**바다의 얼음이 감소하고 있는
지역에서조차 북극곰은 번성하고 있다.**

## 12.2. 북극곰 생태 연구 결과

최근에 나온 북극곰의 생태 연구 결과는 대단히 불편한 사실
로 바다 얼음이 점점 줄어드는 것이 북극곰의 건강에 해롭다는 주
장을 지지해주지 않는다(Rode, 2014). 실제로 북극곰들은 바다 얼
음이 엄청나게 손실된 지역에서도 아주 토실토실하게 잘 지내는
것으로 보인다. 로드(Rode)의 연구는 알래스카와 러시아 경계에
있는 추크치(Chukchi)와 보퍼트(Beaufort) 바다의 북극곰들을 비교
했다(그림 III-37). 추크치 바다는 보퍼트 바다보다 두 배나 많은 얼

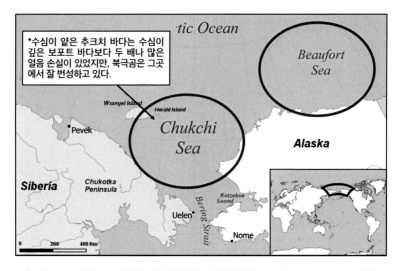

*수심이 얕은 추크치 바다는 수심이 깊은 보포트 바다보다 두 배나 많은 얼음 손실이 있었지만, 북극곰은 그곳에서 잘 번성하고 있다.

| 그림 III-37 | 얼음 손실이 큰 지역의 북극곰은 잘 번성하고 있다.(Wikimaps 지도 사용)

음이 사라졌다. 연구원들은 추크치 바다의 북극곰들이 많은 고통을 당했으리라 예상했다. 하지만 그들은 정반대임을 발견했다.

연구자들은 모든 측정 지표에서 얼음 손실이 가장 컸던 지역의 곰들이 얼음 손실이 적은 지역의 곰들보다 더 건강하고 살쪘음을 발견했다. 암컷은 거의 30kg, 수컷은 50kg나 더 무게가 나갔다(그림 III-38).

추크치의 암컷은 생존율이 높고 덩치가 큰 새끼들을 낳았고 한 살배기의 무게는 보포트 바다의 한 살배기보다 거의 25kg이나 더 나갔다. 연구진은 얼음 감소는 "더 높은 생태계 생산성"으로 이어지고, 이는 곧 더 많은 먹거리를 제공하는 것이라고 결론지었다.

재미있는 것은, 그 연구진들은 연구비 지원처와 자신들이 바라던 결과를 얻지 못하자 '대중에게 자연의 복잡함을 전하는 것'

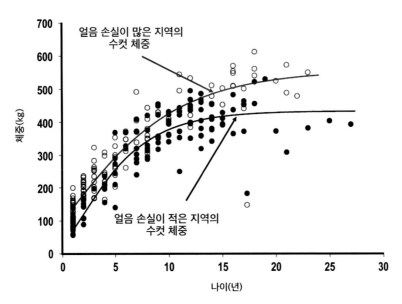

| 그림 III-38 | 두 북극곰 집단의 수컷 체중 비교(Rode 2013)

의 어려움을 답답해하면서 보고서를 마무리했다.

우리는 기후 종말론 옹호자들이 이처럼 줄어든 바다 얼음과 더 건강해진 북극곰의 결합을 어떻게 일반인들에게 전하는지 알 아내는 데 그다지 오래 기다릴 필요가 없었다. 2017년 6월 미국 지질조사국(USGS)과 와이오밍대(University of Wyoming)의 공동 연 구팀은 바다 얼음 손실이 큰 지역의 북극곰들은 먹이를 포획하기 위해 더 많은 칼로리를 소비하게 됨에 따라 이를 보충하기 위해 2~6%나 더 많은 바다표범을 죽음에 이르게 할 필요가 있다는 결 론을 내렸다(Durner, 2017).

최근에 있었던 이 연구에 대한 미국 연합통신(AP: Associated Press) 보도는 인간의 화석연료 소비로 인해 북극곰의 멸종이 거의 확실하다는 것을 확인시켰다. AP 보도의 거의 마지막 부분 800단어에 이르러 우리는 주옥같은 구절을 발견하게 된다: "알래스카 북서 해안에 위치한 추크치 바다의 곰들은 남쪽의 보퍼트 바다의 곰들보다 더 멀리 걸어야 했고 더 많은 칼로리를 소모해야 했다. 하지만 더 많은 먹이를 구할 수 있었기 때문에 더 좋은 상태에 있다."

그래서 '곰의 기본적 필수요소'에는 정작 얼음은 포함되지 않을 수도 있는 것처럼 보인다.

실제로, 따뜻한 기온에서 더욱 많은 북극곰이 번성하게 된다는 것이 알려지면 세계 야생동물기금(World Wildlife Fund)은 후원금을 마련하기 훨씬 어려워질 것이다. 어쨌든 원래 곰들도 육지에 있다가 15만 년 전 얼음이 있는 곳으로 이주했다. 우리처럼 북극곰들도 온혈 동물이다. 우리처럼 북극곰들도 추운 날씨보다 따뜻한 날씨를 선호한다.

마지막으로 다음과 같은 사실을 생각해보자. 우리는 이 책의 기온에 관한 장에서 지금의 간빙기 동안에 있었던 몇 차례의 기후 최적기(즉, 온난화 시기)는 오늘날 우리가 누리고 있는 것보다 훨씬 기온이 높았었다는 것을 보았고, 분명 극지방의 바다 얼음이 현재보다도 훨씬 적었을 것이다. 실제 12만 년 이전에 있었던 마지막 간빙기는 오늘날보다 8°C나 더 온도가 높았고, 극지방에는 얼음이 전혀 없었다(Dahl-Jensen, 2013). 그런데도 북극곰은 생존했다.

곰들에게 실제로 유일한 위협인 사냥이 철저하게 통제되는 한 지금과 같은 온난기에도 곰들은 역시 생존할 것이다. 그러니 북극곰 열성 팬들이여 당신의 희고 대단한 북극곰 친구들은 따뜻한 세상에도 아주 잘 지낼 것이니 안심하길 바란다.


## 요약

미국 어류 및 야생동물관리국은 2008년 5월 북극곰을 감소추세종으로 지정했다. 바다 얼음이 녹아서 개체 수가 3분의 2로 줄어들 것으로 예측했다. 기후 모델로 예측한 미래에 다가올 위험을 근거로 북극곰을 감소추세종 목록에 넣은 것이다. 하지만 북극곰의 개체 수는 지금 계속 늘어나고 있다. 최근 조사에서는 실제로 북극곰 개체 수는 빠르게 증가하고 있고 50년 만에 최고치를 기록하고 있다. 특히 얼음 감소가 가장 큰 지역의 북극곰들도 번성하고 있다. 북극곰들은 15만 년 전 얼음이 있는 극지방으로 이주했고 12만 년 전에 있었던 간빙기에는 오늘날보다 8°C나 더 온도가 높았다. 당시 극지방에는 얼음이 전혀 없었지만 북극곰은 잘 살아남았다. 북극곰도 우리처럼 온혈 동물이다. 그래서 추운 날씨보다 따뜻한 날씨를 선호한다. 북극곰이 멸종위기에 처했다는 구실로 기부금을 받으려는 환경단체들에는 너무나 불편한 진실이다.

# 해양 산성화
## - 근거 없는 쌍둥이 악마

탄산염으로 된 해양생물들의 뼈와 껍질이 바닷물이 점점 산
성화됨에 따라 용해될 위험에 처해 있다.

— 제임스 한센(James Hansen),
컬럼비아대학교 지구연구소 기후과학전공 책임자

해양 산성화는 기후변화와 닮은 쌍둥이 악마다.

— 제인 루브첸코(Jane Lubchenco),
(전)미국해양대기청(NOAA) 대표

이산화탄소 증가로 인해 가장 최근에 생겨난 기후 도깨비는
'해양 산성화'다. 20세기가 끝나갈 무렵 25년간 계속되었던 온난
화 추세가 사라진 것이 명확해지고 기온 상승이 장기간 멈추기 시
작하자 해양 산성화를 지구온난화의 '쌍둥이 악마'로 만들어 널

리 홍보하기 시작했다. '해양 산성화'는 지구가 펄펄 끓는다는 망령이 여기에 대항하는 엄청난 증거에 밀려 무너질 경우를 대비해 화석연료 반대용으로 만들어 둔 핑계 전략이었다.


## 13.1. 쌍둥이 악마의 탄생

이번 장은 다른 장들에 비해 다소 기술적인 측면이 있다. 하지만 독자들이 왜 기후 위기론자들이 대기물리학과 마찬가지로 해양화학에서도 잘못되었는지 알기 위해 세부적인 사항을 살펴볼 필요가 있다.

2004년 이전에는 '해양 산성화'에 대해 별 관심이 없었지만 모든 것이 아주 갑자기 바뀌었다. 노르웨이 해양연구소(Institute of Marine Research)의 하워드 브라우만(Howard Browman) 박사는 이 주제에 관한 연구 논문이 2006년부터 2015년 사이에 갑자기 3,100여 편이나 나왔다는 것을 발견했다(그림 III-39). 그는 모든 논문을 철저히 조사했고 그 이전에는 연구 논문이 없었다는 것도 알아냈다. 그는 이 주제에 관한 폭발적인 연구를 보고 '해양과학에서는 전례 없는 일'이라고 했다. 또 그는 대기의 이산화탄소 증가와 바닷물 산성화 간의 아무런 연관성도 밝히지 못한 연구는 논문 게재가 어려웠던 반면 출판된 논문들은 거의 한결같이 '산성화' 재난을 예고했다고 보고했다. "연구비를 대면 그들은 밝혀낼 것이다." 그래서 이는 놀랄 만한 것이 아니다.

그렇다면 해양 산성화는 무엇인가? 산도, 알칼리도, 수소이

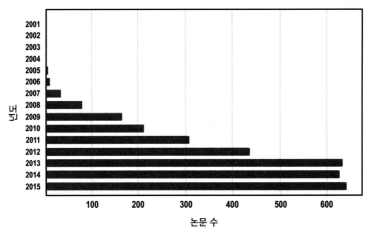

| 그림 III-39 | 해양 산성화에 관한 논문(2001~2015)(Browman, 2016)

온농도(pH)에 대하여 간략히 살펴보자. 산성이나 알칼리성의 정도를 pH(증류수 대비 수소이온 비율)로 알아보면, 전기 배터리의 산(Battery Acid)처럼 매우 강한 산성(pH 0)에서 잿물이나 배수관 세제와 같은 매우 높은 알칼리성(pH 14)까지 다양하다(그림 III-40). 중성은 pH 7이다. 빗물은 약산성으로 pH 5.6인 반면 바닷물은 pH 7.8에서 8.1에 해당하는 분명한 알칼리성이다.

해양 산성화에 대한 경고는 대기 중에 증가한 이산화탄소 농도는 더 많은 이산화탄소가 바닷물 용해되어, 특히 해수면에 가까운 표층의 탄산(Carbonic Acid) 농도가 증가하여 껍질로 둘러싸인 무척추동물(예를 들어 게 또는 산호)이 껍질이나 외골격을 형성하는 탄산칼슘(Calcium Carbonate) 생성을 불가능하게 한다는 이론에 근거한다. 그래서 pH를 더 낮추면 (산도를 높이면) 현존하는 생물체의 껍질이 용해되기 시작하여 해양 생명체의 종말을 초래할 것이라고 기후 위기론자들은 말한다.

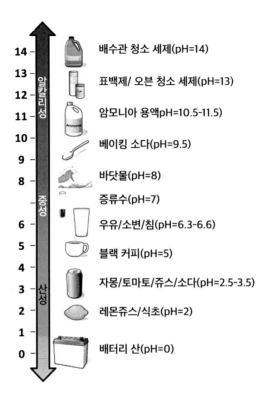

| 그림 III-40 | 일반적인 물질의 pH 값

　'석회화 유기체'(탄산칼슘으로 껍질이나 외골격을 만드는 생물)는
아주 넓은 범위에 걸친 pH 변동에 이미 익숙해져 있다. 특히 강
이 유입되는 대륙붕에서 홍수가 났을 때 pH가 심하게 떨어진다.
하구와 만으로 흘러들어 가는 강물은 바닷물에 비해 자주 심한 산
도를 나타내지만, 이러한 지역에서 굴은 잘 번식하고 있다. 사실
미국연방정부는 청정수질법(Clean Water Act)에 허용 한도를 pH
6.5(산성)로 인정하고 있다. 예를 들어, 미국 동부지역의 체사피크
만(Chesapeake Bay)에서 채취되는 맛 좋은 굴은 유입되는 강물로

인해 평균 pH 7.0인 바닷물에서 아주 잘 서식하고 있다. 이 수치는 위기론자들이 아주 극단적으로 예측한 값보다 훨씬 낮다.

그렇다면 우리의 바다가 산성이었던 적이 있었을까? 20억 년 전 아주 초기의 바다는 산성이었던 것으로 추정된다(Halevy, 2017). 하지만 그런 시기 이후 실제로 바다가 산성이었던 유일한 시기는 약 5천4백만 년 전이었다(Zachos, 2005). 자초스(Zachos)는 그 시기 해양 산성화의 원인은 이산화탄소의 증가가 아닌 메탄이 갑자기 유출되었기 때문으로 추정하고 있다. 당시 이산화탄소 농도는 약 850ppm으로 그 이전 6억 5000만 년 동안의 평균 2,600ppm보다 훨씬 낮은 수치였기 때문이다.

바닷물의 pH는 계절, 수심, 위도에 따라 약간씩 다르다. pH 수치는 열대지방, 겨울철, 심해에서 알칼리성이 아주 약하게 떨어지는 경향이 있다. 많은 추정치에 따르면 산업혁명이 시작된 이후 바닷물의 pH는 경미한 감소(대략 pH 0.1)가 나타났다.

IPCC 모델은 2100년경이면 바닷물의 알칼리도가 추가로 pH 0.3 더 떨어질 것으로 예측한다. 이 수치에 도달할 것 같지는 않지만, 행여 그것이 사실이라고 하더라도, 바닷물은 굳건하게 알칼리 상태를 유지할 것이다. 실제로 현재 추정되고 있는 해양 알칼리성의 범위는 pH 7.8~8.1이기 때문에, 위기론자들이 예측한 작은 변화는 오늘날 나타나는 알칼리도 추정치를 거의 벗어나지 않는다. 기후 위기론자들이 함부로 큰 변화를 예측하지는 못하고 있다. 대신 그들은 자신들이 예측한 작은 변화가 커다란 영향을 미칠 것처럼 허세를 부린다.

해양 산성도의 증가와 생명체 종말에 대한 예측은 거의 전적

으로 다음과 같은 이론을 근거로 하는 모델에 기초하고 있다:

더 많은 이산화탄소 ≫ 더 많은 탄산 ≫ 더 산성화된 바다 ≫ 조개껍데기가 녹는다.

모델 예측 연구(Segalstad, 2008)에 따르면 현재 온도에서 탄산염이 녹으려면 바닷물의 pH가 숫자 2만큼 완전히 더 내려가거나 pH 6.0이 돼야 하는 것으로 나타났다. 알칼리도의 감소를 아주 극단적으로 예측하더라도 바다가 실제로 산성으로 변하는 것은 고사하고 중성에도 이르지 않을 것이라는 사실이 밝혀졌다.

이러한 모델들은 대학 실험실과 같은 통제된 환경에서는 pH를 예측할 수 있지만, 실제 자연에서는 그렇지 않다. 모델들은 탄산 증가를 조정하거나 '완충'하는 작용에 관여하는 다양한 과정들을 고려하지 않는다. 가장 핵심적인 완충력은 석회암과 바닷물에 녹아있는 미네랄의 화학반응이다. 석회암(CaCO3)은 지구 표면과 바다 밑에 노출된 주요 암석 중 하나이다. 석회암의 존재는 오늘날과 같은 상황에서 바다가 산성화될 수 없을 뿐 아니라, 바다 어느 곳에서도 날마다 떨어지는 빗물의 pH 수준으로 산성화되지 않는다는 것을 보장한다.

탄산은 알칼리도를 증가시키기 위해 육지와 바다의 석회암과 반응하고, 강과 바다에 칼슘을 첨가한다. 그 외 미네랄 역시 석회암 반응에 대한 후방 안전장치로서 상당한 완충 작용을 한다. 이드소의 연구(Idso, 2014)에 따르면, "미네랄들은 거의 무한대의 완충력을 만들어 낸다."

여러 가지 중요한 요소들이 바닷물의 pH 변화를 완충시키는 역할을 하지만 모델에는 포함되지 않았다. 예를 들어, 따뜻해진

물과 늘어난 이산화탄소는 식물성 플랑크톤의 광합성을 증가시키게 된다. 이 현상은 바닷물의 알칼리도를 현저하게 증가시키는 것으로 밝혀졌다. 일부 기후 모델 개발자들은 자신들이 예상하는 관념과 맞는다고 여겨지는 변수들은 "승수 효과(Multiplier Effects)"라고 하면서 포함하려고 안달하지만, 자신들의 이론을 반증하게 되는 변수들은 적당히 제외시켜 버린다. 아주 극단적으로 pH를 낮게 하려는 모델 조작에도 불구하고, 바닷물은 명백히 알칼리성을 유지하고 있으며 pH 7.0의 중성에도 이르지 못한다는 점을 우리는 주목해야 한다.

용어 사용도 매우 중요하다. 기후 위기론자들은 '알칼리도의 미약한 감소'라는 말은 절대로 사용하지 않는다. 이는 환경주의를 일종의 진실한 종교처럼 믿고 있는 어설픈 환경론자들의 속기 쉬운 마음에는 전혀 공포감을 주지 않기 때문이다. pH가 낮아지는 것을 표현할 수 있는 또 다른 방법은 바닷물의 '부식성이 감소한다'라고 말하는 것이다. 하지만 이것 또한 문제에 대해 긍정적인 영향을 주게 되어, 위기론자들이 의도하는 바와 전혀 맞지 않는다. '해양 산성화'라는 용어는 바다의 대재앙이 다가온다는 의미를 전달하고 있다. 기후 위기론자들이 이렇게 해서 불필요한 규제와 에너지 비용에 엄청난 증가를 촉진하고 있다.

해양 산성화에 대한 개념을 조목조목 반증할 과학을 살펴보기 전에 우리는 우선 지구 종말 시나리오를 다루는 일부 연구들을 검토해 봐야 한다.

산성화에 관해 가장 널리 인용된 그래프는 하와이 북쪽 지역의 pH와 용해된 이산화탄소를 비교한 것이다(그림 III-41). 이 그래

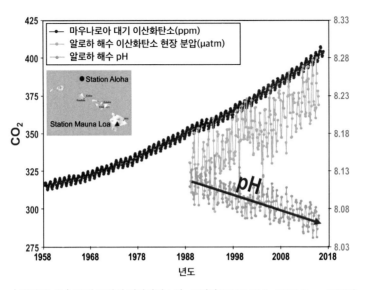

| 그림 III-41 | 30년 동안의 이산화탄소와 pH변화(NOAA PML, 2017, Dore, 2009)

프는 지난 30년 동안 이산화탄소는 꾸준히 증가하고 pH는 약간 감소하고 있음을 보여준다. 그림 III-42에서 볼 수 있듯이 pH는 50년 주기로 상승과 하락을 반복하고 1960년대 중반 알칼리도가 마지막 최고치를 기록했음을 볼 수 있다. 해양 pH의 이러한 변동 은 30년 동안 기록(그림 III-41)으로는 장기적인 추세를 확실히 예 측하기에는 충분하지 않음을 말해준다.

## 13.2. 조작된 예측

필리의 논문(Feely, 2006)은 이 주제에 관해 널리 인용되고 논란 의 중심이 되고 있다. 그 논문에는 낮아지는 pH와 증가하는 이산

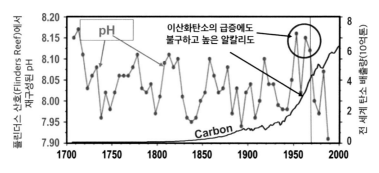

| 그림 III-42 | 남서 태평양 산호초의 pH 변화 재구성(1708~1988)
(pH: Pelejero 2005, Carbon: Boden, 2016)

화탄소를 연관 짓는 그래프가 제시되어 있다. 1850년부터 2100년까지의 과거 기록과 미래에 예측된 pH를 보여주는 그 그래프는 2100년에 이르러 pH가 7.9로 낮아질 것으로 예측하고 있다(이 값은 여전히 다소 알칼리성이다). 유감스럽게도, 필리의 그래프는 미국 해양기상청(NOAA) 웹사이트에 지금도 게시되어 있지만, NOAA 뿐만 아니라 저자도 이 책에 사용하는 것을 허락하지 않았다.

그 이유는 다음과 같다:

저자는 이 논문 덕에 2010년 미국 하원에서 증언할 기회를 얻고 하인츠 재단(Heinz Family Foundation)으로부터 10만 달러에 달하는 상금을 받았다. 그 상의 문구는 다음과 같다: "해양 산성화는 이제 지구온난화의 '악의 쌍둥이'로 밝혀지게 되었다. 그 공로는 필리 박사의 해양에서 일어나는 화학적 변화와 생태계에 미치는 영향에 관한 선구자적인 연구에 있다."

뉴멕시코대학교 박사 과정에서 공부하던 야심만만한 청년 마이크 월리스(Mike Wallace)는 필리와 공동 저자들의 연구를 자세히 검토한 후, '역사적'인 자료로 추정된 데이터는 그런 종류가 전혀 아니었음을 알아냈다. 월리스는 필리가 실제 측정 데이터로 1990년에서 2015년까지만 사용했다는 점을 주시했다. 그는 최소한 1세기 전으로 거슬러 오르는 실제 측정 데이터를 무시했다.

필리 그래프의 1990년 이전 데이터는 실제 측정값이 아니라 기후 모델링을 이용하여 만들어진 것이었다. 월리스가 실제 데이터로 그래프를 그렸을 때 모델에 의해 생겨난 '산성화' 추세는 나타나지 않았다.

월리스는 필리 논문의 공동저자인 사빈(Sabine)에게 왜 실제 측정치가 무시되었는지 물었다. 그러자 사빈은 "만약 당신(월리스)이 그런 식의 질문을 계속한다면, 당신은 이 분야에서 떠나야 할 것이다"라고 답했다. 월리스는 해양 산성화 논쟁에 가장 기본적인 근거를 제공하는 연구들에 관해 다음과 같은 말을 했다. "자신이 속한 학문 분야에서 데이터의 핵심 부분을 빠뜨릴 뿐만 아니라 그러한 사실을 다른 사람이나 입법 기관에서 숨기는 것이 용납될 수 있는 것인가?"(Noon, 2016)

진정한 과학적 탐구에서 실제 데이터는 항상 모델보다 우선해야 한다. 실제 데이터가 있다면 예측은 필요 없는 것이다. 그래도 예측했다면 그 목적은 기후 위기 종말론의 새로운 도깨비를 등장시키려는 것이다.

## 13.3. 역사적 기록

우리가 기온과 이산화탄소 관련 데이터를 검토할 때 봤던 것처럼, 실제 자연에서 일어났던 현상에 대한 과거 실제 기록은 미래의 진행 방향을 제시한다. 오랜 지질학적 과거 기록들은 바닷물 산성화로 조개껍질이 용해될 것이라는 공포를 조장하고 있는 기후 위기론자들에게는 매우 불편한 사실들을 밝히고 있다. 지구의 초기 기후 데이터에서는 그러한 공포에 대한 어떠한 근거도 분명히 나타나지 않는다.

류(Liu, 2009)는 남중국해(South China Sea)의 산호를 조사하고 지난 7,000년 동안의 pH 변화를 재구성했다. 그림 Ⅲ-43는 이 연구에서 얻은 pH 데이터와 이를 남극 보스토크(Vostok)의 빙핵에서 채취한 같은 기간의 이산화탄소와 비교한 것을 보여준다. 첫째, 지금의 pH 값과 감소율이 전례가 없거나 이례적이지 않다는 것이 명백하다. 실제로, 가장 낮게 측정된 알칼리도는 약 6,000년 전으로, 당시 이산화탄소 수치는 오늘날보다 3분의 1이나 낮았다. 실제 바다에서 일어나는 현상은 IPCC와 기후 종말론 추종자들이 예측하는 것과는 정반대이다.

| 불편한 사실55 | 이산화탄소와 해양 pH 사이에는 역사적으로 아무런 상관관계가 없다. |

펠레제로(Pelejero, 2005)는 거의 300년 동안의 pH 데이터를 제공하는 남서 태평양 산호의 pH 기록을 연구했다. 그는 50년 주기

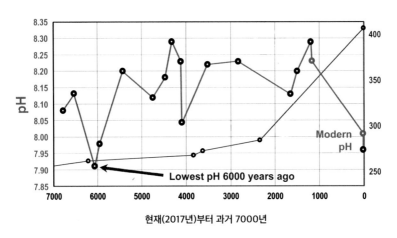

| 그림 III-43 | 남중국해의 7,000년 동안의 해양 pH와 이산화탄소
(pH: Liu 2009; 이산화탄소: Barnola, 2003)

로 pH에 큰 변화가 있다는 것을 발견했다(그림 III-42). 현재 우리
는 50년간 계속된 pH 하락추세의 마지막 단계에 이르고 있으며,
만약 이러한 사이클이 계속된다면 기후 위기론자들이 예측한 '산
성화'보다는 알칼리도가 증가하는 것을 볼 수 있을 것이다. 연구
자들은 붕소(Boron) 값(붕소는 pH 대리 값으로 사용됨)에 대한 주목할
만한 추세가 없었음을 언급했다. 또한, 가장 최근으로는 1955년
에서 1970년 사이에 알칼리도가 최고로 올라간 현상이 이산화탄
소 배출이 이미 현저하게 증가하기 시작한 상태에도 불구하고 일
어났다는 점에 주목했다.

지구상에서 가장 풍부한 퇴적암 중 하나인 석회암은 탄산칼슘
이며, 해양 '산성화'로 위협을 받고 있다고 알려진 생물들의 껍질
과 외골격도 마찬가지이다. 석회암은 칼슘이 과포화된 따뜻한 바
닷물에서 침전된다. 석회암 조각을 쪼개면 현대 생물들의 선조들
이 변한 화석들을 많이 발견할 수 있을 것이다. 이 고대 생물들 또

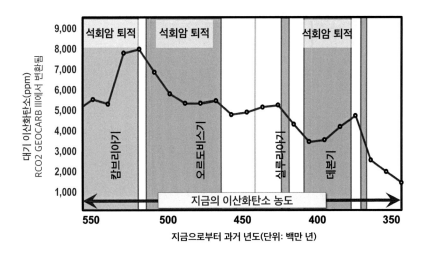

| 그림 III-44 | 석회암은 이산화탄소 농도가 극도로 높을 때 퇴적되었다.

한 번창하기 위해 알칼리성 물이 필요했다. 따라서 우리는 이산화탄소 농도가 높은 기간 동안 산성화가 일어났는지 알아보기 위해 석회암 퇴적물에 남겨진 증거들을 사용할 수 있다.

캄브리아기(Cambrian), 오르도비스기(Ordovician), 실루리아기(Silurian)에 해당하는 초기 고생대(541~416백만 년 전)에는 이산화탄소 농도가 보통 4,000ppm을 넘었으며, 특히 캄브리아기에는 최대 8,000ppm에 달했다. 이는 오늘날의 이산화탄소 농도 20배에 달한다. 미국 동부 애팔래치아 분지에서 나온 암석 기록과 이산화탄소 수치를 비교해보면(그림 III-44) 대부분 이산화탄소가 풍부한 시기에 석회암의 퇴적이 집중적으로 일어났음을 알 수 있다(그림 III-45). 바닷물이 '산성화'되었다면 석회암의 퇴적은 일어날 수 없었다. 대부분 석회암은 이산화탄소 농도가 가장 높았던 시기에 퇴적되었다.

**오늘날 이산화탄소 농도의
15배나 높았을 때도 바닷물은 산성화되지 않았다.**

호주 퀸즐랜드대학교 해양과학 교수이며 지구변화연구소(Global Change Institute)의 소장인 오브 회그-굴드버그(Ove Hoegh-Guldberg)는 정치적으로 편향된 과학자이다. 그는 해양 '산성화'에 관해 다음과 같이 말했다.

대기 이산화탄소 농도가 약 500ppm에 도달하면 해양에서 석회화는 중단된다.

화석의 기록은 그의 진술이 거짓임을 분명하게 보여준다. 아마 그 잘난 교수는 암석 기록으로 쉽고도 단호하게 반증될 수 있는 말을 내뱉기 전에 복도를 걸어 내려가 그 대학의 많은 저명한 지질학 교수들 중 한 명과 그의 생각에 대해 논의했어야 했다.

해양 산성화를 지지하는 자들은 단지 상상으로 바닷물의 pH가 유해 수준으로 줄어드는 데 초점을 맞추고 있다. 우리가 앞에서 지켜보았듯이 pH 감소는 전혀 가능성이 없는 이야기이다. 그들은 이산화탄소의 증가가 해양 식물 및 조류(식물성 플랑크톤), 그리고 해양 동물에 이로운 영향을 미치고 있다는 것을 밝혀낸 수없이 많은 훌륭한 연구들을 무시하고 있다. 해양생물들이 이미 오래전부터 지금 우리가 유발할 수 있는 것보다 훨씬 더 심한 pH의 변화에 적응할 수 있는 능력을 갖추고 있지 않았다면 모든 생물종들

| 그림 III-45 | 이산화탄소가 오늘날 농도의 12배일 때 생성된 오르도비스기의 블랙강
(Black River) 탄산염(PA DCNR 2017)

은 오늘날 존재하지 않았을 것이다.

합리적인 관찰자라면 다음과 같은 의문을 가질 것이다:

- 지구 대기가 오늘날 이산화탄소 농도의 20배까지 상승했던 지질 시대에는 왜 바다가 산성화되지 않았을까?
- 산성화로 이어질 것으로 추정되는 과정들은 정말 산업혁명과 함께 시작되었나?

## 요약

20세기가 끝나갈 무렵 25년간 계속되었던 지구온난화가 멈추기 시작하자 2005년경 해양 산성화라는 새로운 악마가 만들어졌다. 이산화탄소가 이번에는 바다를 죽인다는 것이다. 바닷물이 산성화되면 산호나 조개껍데기의 탄산칼슘이 녹고 해양 생태계가 종말을 고한다는 논리다. 2004년 이전에는 주목받지 못했지만 모든 것이 갑자기 바뀌었다. 2006~2015년 사이에 해양 산성화 논문이 3,100여 편이나 쏟아져 나왔다. IPCC는 2100년경이면 pH가 0.3 정도 떨어질 것으로 예측했다.

예측도 잘못되었을 뿐만 아니라 해양 생태계에도 영향을 미치지 못한다. 바닷물이 갖는 완충력이 예측에 고려되지 못했기 때문이다. 석회암과 바닷물에 녹아있는 미네랄은 거의 무한대의 완충력을 만들어 pH 변화를 막아낸다. 또 따뜻해진 수온과 늘어난 이산화탄소는 식물성 플랑크톤의 광합성을 증가시키고 그로 인해 알칼리도가 현저하게 올라간다. 과거 자료에 따르면 대기의 이산화탄소는 바닷물의 pH와 아무런 상관관계가 없으며, 오늘날보다 몇십 배나 높았던 시기에도 해양 산성화는 일어나지 않았다. 현재 바닷물의 pH는 7.8~8.1의 범위에 있다. 예측된 pH 감소가 일어나더라도 여전히 알칼리에 머무르기 때문에 생태계에는 피해가 없다. 또 탄산칼슘을 골격으로 하는 생물들은 이미 아주 넓은 범위의 pH 변동에 익숙해져 있다. 기후 위기론자들이 화석연료 사용 반대를 위해 멈춰버린 지구온난화 대체용으로 만들어낸 해양 산성화라는 새로운 악마는 또다시 심각한 과학적 오류에 직면했다.

# 해수면 상승
## - 침수 공포 자극, 상승률 둔화

제14장

2000년까지 지구온난화 추세가 역전되지 않으면 모든 국가는 해수면 상승으로 지구 표면에서 사라질 수 있다. 해안 지역의 홍수와 흉작은 '환경 난민'의 탈출을 만들고, 정치적 혼란을 야기할 것이다.

— 노엘 브라운(Noel Brown), 유엔 고위직, 1989년 6월 30일

## 14.1. 해안 침수 공포

해수면 상승은 지구온난화로 인한 가장 두려운 재난일 수 있다. 그로 인해 영향을 받게 될 지역은 인구가 계속 증가하고 밀도가 높은 세계의 많은 경제 중심지를 포함하고 있으므로 해수면의 뚜렷한 상승은 치명적일 수 있다. 폭풍이 지나간 후 바닷물에 잠긴 도시와 해안선에 관한 언론 보도들은 지나칠 정도로 너무 자주

지구온난화와 해수면 상승을 관련짓고 있다. 기후 위기를 확산시키는 거의 모든 단체는 해수면 상승으로 인한 침수 공포를 두드러지게 부각시킨다.

언론의 자극적인 선정주의는 이용 가능한 과학의 잘못된 해석과 과거 실측 데이터보다 컴퓨터 예측에 의존하는 비과학성이 복합적으로 작용하여 만들어진다.

2005년 유엔환경계획(UNEP)에 제출한 보고서는 2010년쯤이면 5000만 명의 기후 난민들이 발생할 것이며, 그중 대다수는 해수면 상승으로 인해 해안지대에 있는 집에서 탈출한 사람들이라고 주장했다(Myers, 2005). 심지어 유엔은 고위험 지역을 식별할 수 있는 간편한 지도를 제공하기도 했다. 지도에는 태평양과 카리브해의 저지대 섬들이 있고, "일부 섬들은 완전히 사라질 것이다"라고 언급하고 있다. 그들의 예측이 완전히 틀렸음이 증명되자 그 지도는 웹사이트에서 삭제됐다. 삭제 이유는 이후 다시 나올 여전히 터무니없는 그들의 예측이 완전히 불신당하지 않기 위함이다.

2011년 아시아 통신(Asian Correspondent)이라는 뉴스 웹사이트의 가빈 앳킨스(Gavin Atkins) 기자는 "기후 난민들에게 무슨 일이 일어났는가?"라고 질문하면서 다음과 같이 당시 유엔이 물 아래 잠겼을 것으로 예측한 일부 위험도가 가장 높았던 섬나라들의 최근 인구수를 내놓았다.

- 바하마(Bahamas): 2010년 인구조사에 따르면 10년 동안 50,000명 이상 인구 증가.
- 세인트루시아(St. Lucia): 2001년부터 2010년까지 인구 5%

증가.

- 세이셸(Seychelles): 2002년부터 2010년까지 인구수는 6,500명 이상 증가.
- 솔로몬 제도(Solomon Islands): 2001년부터 2010년까지 10만 명 이상 거주.

그래서 사람들이 이렇게 '위험한' 섬에서 탈출한다기보다, 오히려 그곳은 북반구의 추위를 피해 떠난 사람들을 위한 안전지대가 되었다. 사람들은 그 섬에서 매우 잘살고 있는 것으로 나타났다.

유엔은 사실이나 상식에도 개의치 않고 2020년으로 갱신한 타임라인에 따라 다시 과거와 동일한 5,000만 명의 기후 난민을 예측해 두고 있다. 우리는 이제 그 예측에서 어떤 결과가 나오는지 오래 기다릴 필요가 없다.

## 14.2. 해수면의 과학과 사실

지난 6백만 년 동안의 혹독한 추위 조건에서 해수면의 변화를 일으키는 주된 요인은 주기적인 빙하 현상이었다. 빙하는 주로 북반구 고위도에서 엄청난 양의 물을 가두어 해수면을 낮춘다. 따뜻한 간빙기에는 빙하가 녹아내려 해수면이 높아진다. 미국 지질조사국(USGS)에 따르면, 약 2만 년 전 마지막 빙하기에 빙하 형성이 절정에 이르렀을 때의 해수면은 오늘날보다 약 140m나 낮았다고

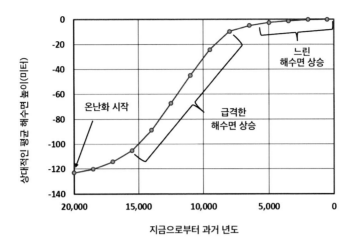

| 그림 III-46 | 20,000년 동안의 해수면 재구성(Waelbroeck, 2002)

한다. 마지막 빙하기 이후로 기후가 따뜻해지면서 빙하는 녹아내렸고 육지에 있던 물이 바다로 돌아왔다.

그림 III-46은 가장 최근에 있었던 빙하기의 후반부로 거슬러 올라가 재구성된 해수면을 보여준다(Waelbrock, 2002). 이 그래프는 1500년 간격으로 데이터가 표시되기 때문에 뒤에 나타나는 세부 정보는 포함되지 않았다. 이 그래프는 기후가 빙하기에서 간빙기로 변화함에 따라 온난화의 초기 6000년에서 8000년 사이에 가장 급격한 상승이 일어났음을 보여준다. 그 후로 상승률은 비교적 안정적으로 느려져 대략 지금까지 지속적으로 이어졌다.

**불편한 사실57**          **해수면 상승은 15,000년 이전에 시작되었다.**

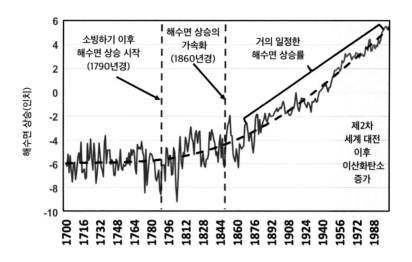

| 그림 III-47 | 1700년부터 지금까지 해수면 상승

소빙하기의 추운 기간에는 실제로 해수면이 내려갔지만, 소빙
하기를 벗어나면서 시작된 온난화의 영향으로 1700년대 말부터
오랜 기간에 걸친 해수면 상승이 시작되었다(그림 III-47). 1850년
중반에 와서 해수면 상승이 가속화되었고 그 이후로 거의 일정하
게 유지되었다. 해수면 상승이 다시 시작되고 가속화된 것은 인간
이 발생시킨 이산화탄소가 온도에 어떤 중대한 영향을 미칠 수도
없었을 때 시작되었다는 점을 명심해야 한다.

1901년에서 2010년 사이의 상승은 약 190mm(연간 1.8mm)에
달했다(Houston, 2011). 해수면은 인간이 2차 세계대전 이후 이산
화탄소의 배출량을 증가시키기 훨씬 이전부터 상승하기 시작했
다. 그래서 인간이 온실가스 배출량을 줄이든 말든, 이러한 자연
적인 해수면 상승은 계속될 것이다.

해수면은 15,000년 이상 계속 상승해왔기 때문에, 여기에 대

한 질문은 "상승하고 있나?"가 아니라, "더 빠르게 상승하고 있는가?"로 해야 한다. 대부분의 기후 모델들은 해수면이 더 빠르게 상승할 것으로 예측하지만, 장기간 해수면 상승을 측정하는 가장 신뢰할 만한 도구인 조위 측정기는 인간이 20세기 중반 상당한 양의 이산화탄소를 대기로 배출하기 시작한 이후 어떤 가속화도 감지하지 못했다.

## 14.3. 관측 데이터의 조작

인공위성 측정방법: 위성을 이용하여 해수면을 측정하는 방법은 1993년에 시작되었으며 이 방법은 해수면 상승의 가속도를 알려 준다. 하지만 위성 관측 데이터는 의도했던 상승 속도를 산출할 수 있도록 조작되었다는 증거가 있다(Mörner, 2011). 그리고 관측 위성이 교체되면서 세대 간(위성과 위성 간) 발생한 오차가 위성이 측정하려고 했던 전체 해수면 상승 높이를 초월하고 있다. 요점은 무엇인가? 짧은 관측 기간에다 위성 자료의 보정 오차와 눈에 띄는 조작이 더해져 이러한 정보를 믿고 이용하기에는 너무나 많은 의문점을 제공한다.

**불편한 사실58** | **현재 일어나고 있는 해수면 상승은 이산화탄소가 증가하기 훨씬 이전인 150년 전에 시작되었다.**

IPCC와 기타 전문가들의 예측과는 달리, 그동안 수많은 연구에서 해수면 상승에 가속화는 일어나지 않고 있다고 보고되어 왔

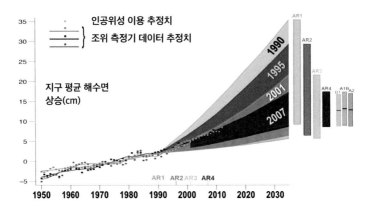

인공위성 이용 추정치
조위 측정기 데이터 추정치

지구 평균 해수면
상승(cm)

| 그림 III-48 | 실패를 거듭하는 해수면 상승 예측

다. 또 많은 연구에서 상승 속도가 느려짐을 입증했다(Holgate, 2007; Mörner, 2011; Houston, 2011). 부인할 수 없는 것은 IPCC는 5년마다 나오는 평가 보고서에 해수면 상승에 관한 예측 수치를 줄이도록 강요당해 왔다는 사실이다(그림. III-48).

홀게이트(Holgate, 2007)는 전 세계적으로 장기간(1904~2003) 관측된 9건의 기록을 검토한 결과 1950년대 이후 해수면 상승률이 감소하고 있음을 발견했다(그림 III-49).

2011년 호주에서 이루어진 해수면 상승에 관한 획기적인 연구 관측 데이터에 따르면 "1940년부터 2000년까지 오스트랄라시아 전역(호주, 뉴질랜드, 서남 태평양 제도를 포함하는 지역)에 있는 각 조위 측정 지점에서 상승률이 약하게 감소하는 추세가 일관되게 나타나고 있음을 보여준다"라고 보고했다(그림 III-50). 그래서 해수면 상승률의 지속적인 증가라는 섬뜩한 예측과는 반대로 지금 감소 추세가 나타나는 중일 수 있다는 사실을 알아냈다.

해수면 상승률이 감소할 가능성에 대한 또 다른 확인은 83개

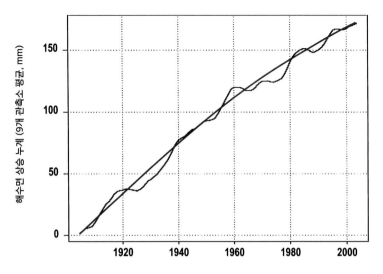

| 그림 III-49 | 9건의 관측 자료에서 나온 지구의 평균 해수면은 상승률이 감소하고 있음을 보여준다.(Holgate, 2007)

조위 측정기에서 나온 데이터 연구에서 이루어졌다(Houston and Dean, 2011). 이 연구의 다음과 같은 결론은 미국 플로리다주 마이애미 해안의 범람을 예측한 사람들을 매우 불편하게 했다.

우리가 분석한 바로는 20세기 동안 미국에서 조위 측정기 기록에서 해수면 상승이 가속화되었다는 것이 나타나지 않는다. 대신, 우리가 각 시기를 고려한 결과 그 기록들은 작은 감속이 나타났음을 보여주고, 이는 전 세계 조위 관측 기록들에 관해 앞서 이루어진 다수의 연구와 일치한다.

가장 일반적인 기후변화에 관한 가공된 이야기 중 하나는 북극 만년설이 녹아내려 북극곰이 멸종될 뿐만 아니라 심각한 해수

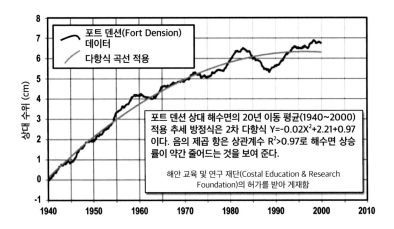

| 그림 III-50 | 호주 주변 조위 측정기에서 관측된 해수면 상승률은 감소하고 있다.
(Watson, 2011). CERF의 승인하에 게재함

면 상승을 유발한다는 것이다. 실제로, 북극 만년설 전체가 녹아
내리고 지구 해수면이 변한다는 것은 사실 제로(0)다. 이는 만년
설은 북극해에 부유하는 상태로 얼어있는 바닷물이기 때문이다.
얼음이 녹아내리면 그 물은 이전에는 얼음 상태로 바다 밑에 잠거
있던 물 분자(H2O)의 빈자리를 대신 채우기 때문이다. 미국 해안
경비대에 따르면, 빙산의 8분의 7이 바다의 수면 아래에 있다고
한다(영화 〈타이타닉〉을 생각해 보라. 그림 III-51).

**불편한
사실59**  **북극 만년설이 녹는다고 해수면이 높아지는 것은 아니다.**

해수면의 변화는 주로 육지의 산이나 대륙에 있는 빙하가 녹
거나 그곳에 얼음으로 축적되는 현상에 영향을 받는다. 이러한 유
형의 빙하나 지면의 빙상이 녹아내린 물의 대부분은 결국 바다로
흘러 들어가게 되고 해수면이 어느 정도 상승하게 될 것이다. 빙

| 그림 III-51 | 해수면 상승 실험

바다의 얼음이 녹는다고 해도 해수면은 상승하지 않는다는 중요한 사실은 유리잔에 얼음을 채우고 표시된 선까지 물을 채워 실험할 수 있다는 것이다. 얼음이 다 녹은 후에도 수위는 변하지 않는다.

하기에는 많은 양의 물이 주로 북미, 유럽, 아시아의 북위도 지역을 덮고 있었던 빙하에 갇히게 되면서 수위가 현저하게 낮아졌다.


## 14.4. 남극대륙의 냉각화

오늘날 남극은 전 세계 육지 빙하의 10분의 9를 차지하고 있다. 그 외 나머지 대부분은 그린란드에 있다. 역설적으로, 남극 대륙은 지구에서 가장 건조한 대륙이기도 하다. 대륙 전반에 걸쳐 수증기 발생은 흔히 제로(0)에 가깝게 나타날 뿐만 아니라 실제 거의 눈도 내리지 않는다. 강수량이 거의 없고, 아주 오랫동안, 일부 지역에서는 수십만 년에 걸쳐 약 3km 이상의 두께로 빙하가 축적되어 있다.

그래서 지구에서 가장 건조한 대륙이 해수면을 상승시킬 수 있는 가장 큰 잠재력을 가지고 있다.

남극 반도(Antarctic Peninsula)를 둘러싸고 있는 빙붕(Ice Shelf)이 녹는다는 보도는 일반 대중들에게 널리 알려졌다. 하지만 이 현상은 지금까지 남극이 녹고 있다는 실제 사실과 다른 이야기를 퍼뜨려왔다. 빙붕은 북극의 만년설처럼 물 위에 떠있다. 빙붕이 다 녹는다고 하더라도 해수면에는 전혀 영향을 미치지 못한다. 2017년 7월 중순 라르센 C(Larsen C) 빙붕의 한 조각이 깨어진 후 이에 관한 언론 광고가 극에 달했다. 그리고 남극은 지구온난화의 위기를 알리는 선전용 포스터에 등장하는 대표 이미지가 되었다.

> 라르센 C(Larsen C)의 균열은 더 심각한 문제의 한 증상에 불과하다. 종합해 보면, 최근 연구는 남극대륙의 거대한 빙하 지역의 거의 모든 곳에서 문제가 될 만한 변화가 일어나고 있음을 보여준다.
>
> — 브라이언 칸(Brian Kahn), Climate Central, 2017년 5월


> 전 세계 인구의 10% 또는 7억 명의 인구는 현재 해발 10m 이하에서 살고 있다. 앞으로 남극대륙 자체만으로 해수면이 3m 정도 상승하게 된다면 이는 우리 모두에게 매우 치명적인 영향을 미칠 것이다.
>
> — 닉 골리지 박사(Dr. Nick Golledge),
> 뉴질랜드 웰링턴 빅토리아대학교(Victoria University of Wellington)
> 남극연구센터(Antarctic Research Centre) 선임 연구원


왜 특별히 남극 반도에 초점이 맞춰지나? 남극 반도가 온난화가 일어나는 유일한 대륙으로 보이기 때문에 기후 위기론자들이 그렇게 하는 것이다. 수많은 연구에서 대부분의 남극대륙은 냉각화가 일어나며 남극 반도는 여기서 벗어난 유일한 이상치(Outlier)

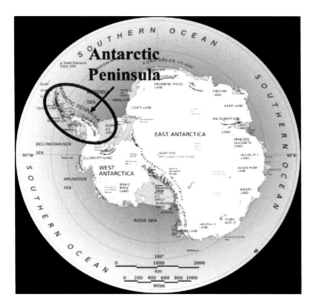

| 그림 III-52 | 남극대륙

남극대륙의 위성사진 랜샛(Landsat) 이미지 모자이크(2017년, NASA로부터 사용 허가받음)는 왼쪽 상단에 있는 남극 반도를 보여준다. 남극 반도는 세계에서 가장 건조한 대륙의 전체 면적 2%를 약간 상회한다.

에 해당한다고 보고해왔다(Comiso, 2000, Doran, 2002). 하지만 남극 반도는 광활한 남극대륙 면적의 2%에 불과하다(그림 III-52).

**불편한
사실60**　　**남극대륙 대부분은 냉각화되고 있으며
얼음이 늘어나고 있다.**

대부분의 남극대륙이 냉각화되면서 주변 바다에서 얼음 면적이 줄어들기보다 오히려 증가했다(그림 III-53). 냉각화와 그로 인한 얼음의 증가는 기후 모델 개발자들이 예측한 것과는 다르다.

IPCC가 최근에 고도의 기술로 예측한 것은 해수면이 매년 거

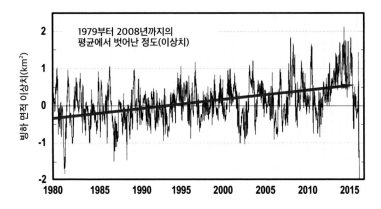

| 그림 III-53 | 남극대륙의 바다 빙하 증가(Illinois University, 2017)

의 2.54cm(1인치), 또는 2100년까지 1m 이상 상승할 것으로 예
측했다(IPCC, 2013). 이것은 그들이 이전에 예측한 것보다 훨씬 낮
다. 이것은 현재 안정적으로 매년 1.8mm 상승하는 것의 6배에
해당하는 수치다. 다시 말하지만, 기후 종말론이라는 환상을 좇는
자들은 실제 어떤 일이 일어나고 있는지 데이터를 검토하기보다
는 문제 많고 수상쩍은 모델에 의존하고 있다.

| 그림 III-54 | 크누트 대왕과 신하들

덴마크 왕가의 크누트(Canute)
대왕(1016~1035년 재임)은 자신
의 왕좌를 바닷가에 설치하고 조
수가 밀려들지 않도록 명령함으로
써 왕권의 한계를 신하들에게 보
여주었다. 바닷물은 왕의 명령에
도 아랑곳하지 않고 평상시처럼
밀려왔다.

## 요약

마지막 빙하기였던 2만 년 전의 해수면은 오늘날보다 약 140m 나 낮았다. 이후 기후가 따뜻해지면서 빙하는 녹아내렸고 육지에 있던 물이 바다로 갔다. 가장 최근의 해수면 상승은 1700년대 말 소빙하기가 끝나면서 시작되어 지금까지 계속되고 있다. 이산화탄소가 증가하기 훨씬 이전이었다. 1800년대 중반에 상승률의 가속화가 일어났고 이후 거의 일정하게 유지되고 있다.

인간이 배출한 이산화탄소의 영향은 상승 여부가 아니라 가속화 여부로 판단해야 한다. 1901년부터 2010년까지 일어난 상승은 약 190mm(연간 1.8mm)에 달했다. 예상과는 달리 수많은 연구에서 이 시기 동안 가속화는 없었다고 결론지었다. 특히 1950년대 이후 오히려 상승률이 감소했음이 관측 연구를 통해 밝혀지고 있다.

육지 빙하와 달리 바다에 떠 있는 빙하는 온난화로 녹아도 해수면에 영향을 미치지 못한다. 현재 전 세계 육지 빙하의 90%가 남극 대륙에 있다. 대부분의 남극 대륙에는 냉각화로 인해 주변 바다에서 얼음 면적이 늘어났고 일부 지역에서는 빙하가 3km 이상의 두께로 축적되었다. 언론은 남극 반도에서 떨어져 나가는 빙붕으로 온난화 위기라고 선동하지만 대륙 전체 사정은 다르다. 더구나 남극 반도는 남극 대륙 면적의 2%에 불과하다.

해수면 상승은 다음 빙하기까지 계속될 것이다. 해수면 상승이 멈추는 그 날이 오게 되면 신이 도와주기를 기도한다. 추위는 살인자다. 따뜻한 해수면 상승 시기가 인류에겐 축복이다. 해수면 상승을 막기 위한 노력은 1천 년 전 크누트 대왕의 명령처럼 오늘날에도 효과는 없을 것이다.

# 원칙 있는
# 무대응이 주는 혜택

지구와 인류는 기후변화 덕분에 왕성하게 번창하고 있다.
아무것도 하지 않는 용기를 갖자.
과학적 진실이 갖는 최고의 권위를 회복하자.

# 에필로그

## 원칙 있는 무대응이 주는 혜택

이 책에 기술한 '불편한 사실'은 인간에 의한 기후변화가 지구의 종말을 가져온다고 하는 사람들의 공상과학 같은 이야기와는 아주 다르다. 살펴본 모든 핵심 주제에 관한 증거들은 학술적으로 검증된 수많은 연구 자료가 뒷받침하고 있으며, 기후 종말론 옹호자들에 의해 널리 알려진 '합의된 의견'이라는 것은 실제 현상과 일관되게 상충하고 있음이 드러나고 있다. 이 책에서 '불편한 사실'로 밝혀진 과학적으로 증명된 사실들은 우리가 언론을 통해 기후 위기론자들과 그들의 열렬한 공모자들로부터 들었던 이야기와는 완전히 반대라는 것을 알 수 있다.

**지구와 인류는 기후변화 덕분에 왕성하게 번창하고 있다.**

인간이 만든 되돌릴 수 없는 기후 지옥으로 전 세계가 빠르게 뛰어드는 것이 아니라, 지구와 생태계 그리고 우리 인류는 지금 매우 왕성하게 번창하고 있다. 우리는 지금 증가하는 이산화탄소와 상승하는 기온 덕분에 번창하고 있다. 절대로 그로 인한 기후 지옥에도 불구하고 번창하는 것이 아니다.

우리는 이 책에서 모든 항목을 정량적으로 따져 보면서, 현재 변화하고 있는 기후는 식량 생산, 토양 수분 함량, 농작물 성장과 지구의 '녹화'를 증가시켜왔다는 것을 알게 되었다. 이러한 과정에서 가뭄, 산불, 불볕더위와 기온 관련 사망자가 현저히 감소한 사실을 보았다. 오직 환경 극단주의자들의 급진적인 세계관만이 엉터리 기후 모델에 근거하여 해로운 경제정책을 수용하고, 그 대신 대기 상태의 변화가 주는 분명한 혜택을 무시할 수 있었다.

그렇다, 온실효과 같은 것이 있다. 그렇다, 약간의 온난화가 있었다. 그렇다, 온난화의 일부는 인간에 의한 것 같다. 그렇다, 인간에 의한 온난화가 더 있을 것 같다. 이 모든 문제에 대해 부정하는 사람은 거의 없을 것이다. 왜냐하면, 이러한 현상들은 모두 입증될 수 있기 때문이다.

그렇지만 다음은 아니다. 인간에 의한 과거와 미래의 온난화가 대재앙을 부를 것이라든지, 지구온난화를 막는 방법들이 과학적으로나 경제적으로 정당화된다든지, 또는 상상으로 만들어 낸 '기후 위기'가 자본주의 때문이라고 하는 것은 결코 아니다. 또 사이비 과학을 내세워 자본주의를 파괴해야 한다는 주장은 더욱 아니다.


**아무것도 하지 않는 용기를 갖자.**

우리가 살펴본 '불편한 사실'로부터 내려야 하는 가장 중요한 최우선 결론은 '바른 정책이란 인간에 의한 지구온난화는 어떤 문제도 아니라는 것을 깨닫고 아무것도 하지 않는 용기를 갖는 것'

이다. 이런 경우에는 아무것도 하지 않는 용기가 필요하다. 파리 기후협약에서 미국이 탈퇴하지 못하도록 트럼프 대통령에 가해지는 어마어마한 압력을 상상해보라. 트럼프 대통령이 협정에서 탈퇴를 결정한 이후 전 세계의 분노와 경멸이 그에게 쏟아졌다. 하지만 그것은 옳고 용기 있는 결정이었다. 기후 대재앙이 온다는 온난화의 망령들은 파리협정을 지지하는 지도자들에게 더 높은 조세 부담, 더 엄격한 규제, 더 강력한 국가 통제, 점점 줄어드는 개인의 자유에 대해 도덕적 정당성을 제공하고 있다.

온난화 아마겟돈(Thermageddon: Thermal Armageddon)이 임박했다고 주장하는 자들은 대부분 언론을 완전히 통제하고 있다. 그래서 진짜 중요한 진실들은 제대로 이해되지 못하고 조롱까지 당하고 있다. 우리가 알아야 할 진실은 '온난화 합의'는 존재하지 않는다는 것이다. 혹시 '합의'가 존재하더라도 아무런 문제가 아니라는 것이 진실이다. 또 지구온난화는 아주 미미하고 대체로 크게 유익하다는 것이 진실이다. 더욱 중요한 진실은 지구온난화 방지에 들어가는 비용이 적응에 비해 어마어마하게 많다는 것이다. 또 다른 진실은 올바른 정책이란 아무것도 하지 않는 용기를 갖는 것이다.

하지만 좋든 싫든 진실은 진실이다. 정책이란 결국 객관적인 진실에 바탕을 두어야 하지 아주 교활한 거짓말로 된 국제적 캠페인에 의존해서는 안 된다. 지금 그 거짓말은 누군가의 이익을 위해 정치, 금융, 기업, 관료, 언론이 결합하여 만들어지고 국제적 캠페인에도 막대한 자금이 지원되고 있다.

**과학적 진실이 갖는 최고의 권위를 회복하자.**

너무 많은 과학자가 자신들이 가진 전문 지식의 진실성을 지키지 못했다. 어떤 이는 자신의 출세를 위해, 또 어떤 이는 필사적인 자기 보호를 위해, 때로는 무지, 탐욕, 또는 기후 마피아 상부의 비웃음이 두려워서 그렇게 된 것이다. 과학자들은 소수의 영향력 있는 동료들이 저지른 거짓말과 비방의 캠페인에 저항할 의무를 회피했다. 과학계가 저지른 이러한 부패로 인해 발생한 피해를 극복하려면 앞으로 수십 년은 더 걸릴 것이다.

만약 이 책이 앨 고어와 그의 추종자들이 그동안 무시하거나 부정하는 것이 우선 편하고 이익이 된다고 여겨 온 불편한 사실들을 사회 기득권층에게 알려 경각심을 갖게 하는 데 도움이 될 수 있다면, 아마 다음 단계로는 과학적 진실이 갖는 최고의 권위를 시급히 회복하는 방향으로 전진할 수 있을 것이다. 그리고 나아가 사회적으로도 변화가 일어날 수 있을 것이다.

부록

불편한 사실 60가지

주요 기후변화 회의론 저서

# 불편한 사실 60가지

| | |
|---|---|
| 불편한<br>사실 1 | 이산화탄소는 주된 온실가스가 아니다. |
| 불편한<br>사실 2 | 이산화탄소는 농도가 증가하게 되면<br>단위 농도에 따른 온실효과는 감소하게 된다. |
| 불편한<br>사실 3 | 무엇보다 중요하고 가장 우선하는 점은 이산화탄소는<br>식물 생존에 없어서는 안 되는 영양물질이라는 사실이다. |
| 불편한<br>사실 4 | 지난 네 번의 빙하기 동안 이산화탄소 농도는<br>위험한 수준까지 떨어졌다. |
| 불편한<br>사실 5 | 1억 4천만 년 동안 이산화탄소는<br>위험한 수준까지 감소했다. |
| 불편한<br>사실 6 | 현재 우리의 지질학적 시기(제4기)는 지구 역사상<br>가장 낮은 이산화탄소 평균치 수준에 있다. |
| 불편한<br>사실 7 | 이산화탄소 증가는<br>식물이 더 잘 성장하는 것을 의미한다. |
| 불편한<br>사실 8 | 이산화탄소 증가는<br>전 세계 더 많은 사람에게 식량을 제공한다. |

**불편한 사실 9** 더 많은 이산화탄소는 토양의 수분을 증가시키는 것을 의미한다.

**불편한 사실 10** 최근 18년 동안 이산화탄소가 증가하고 있음에도 불구하고 온난화가 멈췄다.

**불편한 사실 11** 제2차 세계대전 후 이산화탄소는 증가했으나 기온은 떨어졌다.

**불편한 사실 12** 지금의 온난화는 SUV 자동차나 석탄화력발전소가 나오기 훨씬 전에 이미 시작되었다.

**불편한 사실 13** 온난화를 입증하는 빙하 융해와 해수면 상승은 이산화탄소가 증가하기 훨씬 전에 시작되었다.

**불편한 사실 14** 기온은 80만 년 동안 변화해 왔다. 원인은 인간이 아니었다.

**불편한 사실 15** 간빙기는 보통 10,000~15,000년 동안 지속하며, 지금의 간빙기는 11,000년이 되었다.

**불편한 사실 16** 지난 4번의 간빙기에 있었던 각각의 온난기는 지금보다 훨씬 더 더웠다.

**불편한 사실 17** 약 12만 년 전에 있었던 마지막 간빙기는 지금보다도 8℃나 더 더웠다. 북극곰은 생존해 있었고 그린란드는 녹아내리지 않았다.

**불편한 사실 18** 지난 1만 년 동안의 기온 변화는 인간에 의한 것이 아니다.

**불편한 사실 19** 오늘날의 전체적인 온난화 현상과 속도는 과거에 있었던 것과 별 차이가 없다.

**불편한 사실 20** 지난 1만 년 가운데 6,100년가량은 오늘날보다 기온이 높았다.

| | |
|---|---|
| 불편한<br>사실 21 | 지금의 온난화 추세는 특이하거나<br>전례 없는 현상이 결코 아니다. |
| 불편한<br>사실 22 | 지구 궤도와 기울기는 빙하기와<br>간빙기의 변화를 일으킨다. |
| 불편한<br>사실 23 | 우리는 지구 역사상 가장 추운 기간 중<br>한 시기에 살고 있다. |
| 불편한<br>사실 24 | 지구 역사에서 지난 2억 5천만 년 동안<br>이처럼 추운 시기는 없었다. |
| 불편한<br>사실 25 | 지난 6억 년 동안 기온에 관해 변함없는<br>단 한 가지는 기온이란 끊임없이 변화하고 있다는 것이다. |
| 불편한<br>사실 26 | 지구 역사의 대부분은 오늘날보다<br>약 10°C가량 더 따뜻했다. |
| 불편한<br>사실 27 | IPCC 모델은 온난화를<br>최대 3배까지 지나치게 과대 예측했다. |
| 불편한<br>사실 28 | 인류문명의 발전을 위해<br>추운 것보다 따뜻한 것이 좋다. |
| 불편한<br>사실 29 | 산업혁명 발생 이전의 기온으로<br>돌아간다는 것은 기근과 죽음으로 이어질 것이다. |
| 불편한<br>사실 30 | 학술지에 논문을 게재한 과학자들 가운데 0.3%만이<br>최근의 온난화는 대부분 인간에 의한 것이라고<br>자신들의 논문에 명시했다. |
| 불편한<br>사실 31 | 과학은 합의가 아니고 합의는 과학이 아니다. |
| 불편한<br>사실 32 | 이산화탄소가 증가하면 가뭄의 빈도는 감소한다. |

| 불편한 사실 33 | 더 높은 온도 ⇒ 더욱 줄어드는 가뭄 |
|---|---|
| 불편한 사실 34 | 북반구 전역의 산불은 감소하고 있다. |
| 불편한 사실 35 | 이산화탄소 증가 ≫ 이산화탄소 시비효과 ≫ 토양 수분 증가 ≫ 나무 성장 속도 향상 ≫ 산불 감소 |
| 불편한 사실 36 | 대기에 이산화탄소가 더 많아진다는 것은 모든 사람에게 더 많은 식량을 공급한다는 것을 의미한다. |
| 불편한 사실 37 | 지구가 사막화되는 것이 아니라 더욱 푸르러지고 있다. |
| 불편한 사실 38 | 성장 기간이 길어지고 있다. |
| 불편한 사실 39 | 더 많은 이산화탄소와 더 따뜻한 날씨는 전 세계 식량 생산량이 증가한다는 것을 의미한다. |
| 불편한 사실 40 | 미연방환경보호청(EPA): 폭염 발생 빈도가 더욱 잦아지는 것은 아니다. |
| 불편한 사실 41 | 폭염 발생이 감소하고 있다. |
| 불편한 사실 42 | 해마다 추위는 더위보다 훨씬 더 많은 사람을 사망에 이르게 한다. |
| 불편한 사실 43 | 날씨가 따뜻해지면 기온으로 인한 사망자가 많이 줄어든다는 것을 의미한다. |
| 불편한 사실 44 | 날씨가 따뜻해지면 매년 수백만 명의 조기 사망을 예방한다. |

**불편한 사실 45** 이산화탄소 농도가 증가하고 기후가 따뜻해지면 폭염은 덜 극심해지고 더욱 짧아진다.

**불편한 사실 46** 토네이도 발생 건수는 감소하고 있다.

**불편한 사실 47** 2016년 토네이도 발생 건수는 역대 최저치였다.

**불편한 사실 48** 토네이도로 인한 사망자 수는 감소하고 있다.

**불편한 사실 49** 최근 자료에 의하면 허리케인의 발생 빈도는 증가하지 않았다.

**불편한 사실 50** 지난 250년 동안 허리케인 발생 빈도는 감소해왔다.

**불편한 사실 51** 온난화로 인한 허리케인 강도의 두드러진 증가는 없다.

**불편한 사실 52** 북극곰 개체 수는 늘어나고 있다.

**불편한 사실 53** 북극곰은 지난 50년 동안보다 지금 이 시대 더 많이 서식하고 있다.

**불편한 사실 54** 바다의 얼음이 감소하고 있는 지역에서조차 북극곰은 번성하고 있다.

**불편한 사실 55** 이산화탄소와 해양 pH 사이에는 역사적으로 아무런 상관관계가 없다.

**불편한 사실 56** 오늘날 이산화탄소 농도의 15배나 높았을 때도 바닷물은 산성화되지 않았다.

| 불편한 사실 57 | 해수면 상승은 15,000년 이전에 시작되었다. |
| 불편한 사실 58 | 현재 일어나고 있는 해수면 상승은 이산화탄소가 증가하기 훨씬 이전인 150년 전에 시작되었다. |
| 불편한 사실 59 | 북극 만년설이 녹는다고 해수면이 높아지는 것은 아니다. |
| 불편한 사실 60 | 남극대륙 대부분은 냉각화되고 있으며 얼음이 늘어나고 있다. |

# 주요 기후변화 회의론 저서

앨 고어의 『불편한 진실』 이후 미국을 중심으로 출간된
주요 기후 회의론 저서. 과학자들에 의해 대부분 저술되었다.

─────── 2019~2021년 ───────

  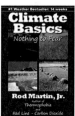

1. Patrick Moore(2021), "Fake Invisible Catastrophes and Threats of Doom", EcoSense International, Canada

2. Michael Shellenberger(2020), "Apocalypse Never: Why Environmental Alarmism Hurts Us All", Harper, USA

3. Bjorn Lomborg(2020), "False Alarm: How Climate Change Panic Costs Us Trillions, Hurts the Poor, and Fails to Fix the Planet", Basic Books, USA.

4. Joe Bastardi(2020), "The Weaponization of Weather in the Phony Climate War", Gatekeeper Press, USA

5. Richard E. Klein(2020) "Shivering: Heating Up the Global Warming Debate", Independently published, USA

6. Rod Martin Jr. (2019), "Climate Basics: Nothing to Fear", Independently published, USA

  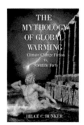

7. Michael J. Sangster(2019), "The Real Inconvenient Truth: It's Warming: but it's Not CO2: The case for human-caused global warming and climate change is based on lies, deceit, and manipulation", Independently published, USA

8. Rod Martin Jr.(2019), "Red Line — Carbon Dioxide: How humans saved all life on Earth by burning fossil fuels", Independently published, USA

9. Susan Crockford(2019), "The Polar Bear Catastrophe That Never Happened" The Global Warming Policy Foundation, USA

10. Lawrence Newman(2019), "The Climate Change Hoax: Pathway to Socialism", Silver Millennium Publications, USA

11. Marc Morano(2018), "The Politically Incorrect Guide to Climate Change", Regnery Publishing, USA.

12. Bruce Bunker(2018), "The Mythology of Global Warming: Climate Change Fiction VS. Scientific Facts", Moonshine Cove Publishing, USA

13. Roy W. Spencer(2018) "Global Warming Skepticism for Busy People", Kindle Edition, USA

14. Joe Bastardi(2018), "The Climate Chronicles: Inconvenient Revelations You Won't Hear From Al Gore—And Others", Rentless Thunder Press, USA

15. Steve Goreham(2017), "Outside the Green Box: Rethinking Sustainable Development", New Lenox Books, USA

16. Roy W. Spencer(2017), "An Inconvenient Deception: How Al Gore Distorts Climate Science and Energy Policy", USA

17. Jennifer Marohasy(2017) "Climate Change: The Facts 2017", Connor Court Publishing Pty Ltd, USA.

18. Patrick J. Michaels, Paul C. Knappenberger(2017) "Lukewarming: The New Climate Science that Changes Everything", Cato Institute, USA

  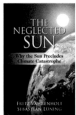

19. Jack Madden(2017), "Inconvenient Facts: proving Global Warming Is A Hoax", Createspace, USA

20. Tim Ball(2016), "Human Caused Global Warming", Timothy Ball, USA

21. Craig D. Idso, Rober M. Carter(2016), "Why Scientists Disagree About Global Warming: The NIPCC Report on Scientific Consensus", The Heartland Institute, USA

22. Mark Steyn(2015), "A Disgrace to the Profession", Stockade Books, USA

23. J. Abbot, J.S. Armstrong(2015), "Climate Change: The Facts", Stockade Books, USA

24. Fritz Vahrenholt, Sebastian Luning(2015), "The Neglected Sun: Why the Sun Precludes Climate Catastrophe", The Heartland Institute, USA

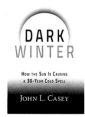

25. Andrew Montford(2015), "The Hockey Stick Illusion", Anglosphere, USA

26. Tim Ball(2014), "The Deliberate Corruption of Climate Science", Stairway Press, USA

27. Bjorn Lomborg(2014), "How to Spend $75 Billion to Make the World a Better Place", Copenhagen Consensus Center, USA

28. Alex Epstein(2014), "The Moral Case for Fossil Fuels", Portfolio, USA

29. Wayne C. Weeks(2014), "The Global Warming / Climate Change Hoax: Fraud, Lies, Deception & Threats are the Tools of the Global Warming / Climate Change Hoax Folks", USA

30. John Casey(2014), "Dark Winter: How the Sun Is Causing a 30-Year Cold Spell", Humanix Books, USA.

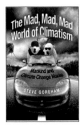
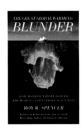
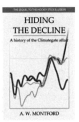
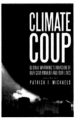
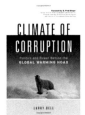

31. Alex J. Epstein, Eric M. Dennis(2013), "Fossil Fuels Improve the Planet", Center for Industrial Progress, USA

32. Steve Goreham(2012), "The Mad, Mad, Mad World of Climatism: Mankind and Climate Change Mania", New Lenox Books, USA

33. Roy W. Spencer(2012) "The Great Global Warming Blunder: How Mother Nature Fooled the World's Top Climate Scientists" Encounter Books, USA

34. Andrew Montford(2012), "Hiding the Decline: A History of the Climategate Affair", Createspace, USA

35. Patrick J. Michaels(2011) "Climate Coup: Global Warming's Invasion of Our Government and Our Lives", Cato Institute, USA

36. Larry Bell(2011), "Climate of Corruption: Politics and Power Behind The Global Warming Hoax", Greenleaf Book, USA

37. Roy W. Spencer(2010), "Climate Confusion: How Global Warming Hysteria Leads to Bad Science, Pandering Politicians and Misguided Policies That Hurt the Poor", Encounter Books, USA

38. Bjorn Lomborg(2010), "Cool It: The Skeptical Environmentalist's Guide to Global Warming", Vintage Books, USA

39. Patrick J. Michaels, Robert Balling Jr. (2010), "Climate of Extremes: Global Warming Science They Don't Want You to Know", Cato Institute, USA

40. Roy W. Spencer(2010) "The Bad Science and Bad Policy of Obama's Global Warming Agenda" Encounter Books, USA

41. Brian Sussman(2010), "Climategate: A Veteran Meteorologist Exposes the Global Warming Scam", WND Books, USA

42. S. Fred Singer, Craig Idso(2009) "Climate Change Reconsidered: The Report of the Nongovernmental International Panel on Climate Change(NIPCC)", The Heartland Institute, USA.

그 외 다수의 저서가 과학적 자료를 근거로
인간이 배출한 이산화탄소에 의한 기후변화 대재앙을 부인하고 있다.

# 참고 문헌

Alley RB (2004) GISP2 Ice Core Temperature and Accumulation Data. IGBP PAGES/World Data Center for Paleoclimatology Data Contribution Series #2004-013. NOAA/NGDC Paleoclimatology Program, Boulder CO, USA. ftp://ftp.ncdc.noaa.gov/pub/data/paleo/icecore/greenland/summit/gisp2/isotopes/gisp2_temp_accum_alley2000.txt

Atkins G (2011) What happened to the climate refugees? Asian Correspondent, https://asiancorrespondent.com/2011/04/what-happened-to-the-climate-refugees/#BaTVoqe4ZRMjLr7K.97

Barnola JM, Raynaud D, Lorius C et al (2003) Historical CO2 record from the Vostok ice core. In Trends: A Compendium of Data on Global Change. CDIAC, Oak Ridge National Laboratory, U.S. Dept of Energy, Oak Ridge, TN, USA, http://cdiac.ornl.gov/ftp/trends/co2/vostok.icecore.co2

Bastasch M (2017) So-called '97%' global warming 'consensus' number is a hoax: real number is 32.6%. Daily Caller News Foundation http://dailycaller.com/2017/03/05/lets-talk-about-the-97-consensus-on-global-warming

Behringer W (2007) A Cultural History of Climate. Polity Press translation 2010, Malden MA

Berner RA, Kothavala Z (2001) GEOCARB III: A revised model of atmospheric CO2 over Phanerozoic time, IGBP PAGES and World Data Center for Paleoclimatology, Data Contribution Series # 2002-051. NOAA/NGDC Paleoclimatology Program, Boulder CO, USA.

Blake ES, Landsea CW, Gibney EJ (2011) The deadliest, costliest, and most intense united states tropical cyclones from 1851 to 2010 (and other frequently requested hurricane facts) NOAA National Weather Service, National Hurricane Center, Miami, Florida

Boden TA, Marland G, Andres RJ (2013) Global, regional and national fossil-fuel CO2 emissions. CDIAC, Oak Ridge National Laboratory, U.S. Dept of Energy, Oak Ridge, TN, USA, doi:10.3334/CDIAC/00001_

V2013

Boden TA, Marland G, Andres RJ (2016) Global CO2 emissions from Fossil-Fuel Burning Cement Manufacture and Gas Flaring 1751 - 2013. CDIAC, Oak Ridge National Laboratory, U.S. Dept of Energy, Oak Ridge, TN, USA, DOI 10.3334/CDIAC/00001_V2010

Boden T, Andres B (2017) Ranking of the world's countries by 2014 total CO2 emissions from fossil-fuel burning, cement production, and gas flaring. Emissions (CO2_TOT) are expressed in thousand metric tons of carbon (not CO2), Carbon Dioxide Information Analysis Center, Oak Ridge National Laboratory

Bornay E (2007) Atlas environnement 2007 du Monde diplomatique, Paris

Box JE, Yang L, Bromwich DH, Bai L (2009) Greenland Ice Sheet Surface Air Temperature Variability: 1840 – 2007*. American Meteorological Society, Journal of Climate Vol 22, pp 4029–4049

Browman HI (2016) Applying organized scepticism to ocean acidification research, ICES Journal of Marine Science 73 (3): 529–536

Brown T (2011) The long, slow thaw. Climate etc. website https://judith-curry.com/2011/12/01/the-long-slow-thaw/

Calder N (1975) In the Grip of a New Ice Age. International Wildlife, July 1975

Carter R (2011) Climate: The Counter Consensus, Stacey International, London England

CDIAC (2016) Recent Greenhouse Gas Concentrations. Carbon Dioxide Information Analysis Center http://cdiac.ornl.gov/pns/current_ghg.html

Christy J (2015) That stubborn climate. University of Alabama at Huntsville, http://training.ua.edu/almineral/_documents/JohnChristy.pdf

Christy J, U.S. House Committee on Science, Space & Technology 2 Feb 2016, Testimony of John R. Christy University of Alabama in Huntsville.

Ciscar, J, Watkiss P, Hunt A, Pye S, Horrocks L (2009) Climate change impacts in Europe, Final report of the PESETA research project, JRC Scientific and Technical Reports, European Commission Joint Research Centre Institute for Prospective Technological Studies

Comiso JC (2000) Variability and trends in Antarctic surface temperatures from in situ and satellite infrared measurements. J Clim 13:1674–1696

Cook ER, Seager R, Cane MA (2007) North American drought: reconstructions, causes, and consequences. Earth-Sci Rev 81(1):93–134, doi:10.1016/j.earscirev.2006.12.002

Cook J, Nuccitelli D, Green SA et al (2013) Quantifying the consensus on anthropogenic global warming in the scientific literature. Environ Res Lett 8(2):024024

Crockford SJ (2015) Polar bear population estimates, 1960 – 2017. wp.me/p2CaNn-gP2

Dahl-Jensen D, et al, (2013) Eemian interglacial reconstructed from a Greenland folded ice core. Nature, 493, p 489–494 doi:10.1038/nature11789

de Jong R, de Bruin S, de Wit A et al (2011) Analysis of monotonic greening and browning trends from global normalized-difference vegetation index time series, Remote Sens Env 115:692–702, doi:10.1016/j.rse.2010.10.011

de Jong R, Schaepman ME, Furrer R et al (2013) Spatial relationship between climatologies and changes in global vegetation activity. Glob Change Biol 19:1953 – 1964, doi:10.1111/gcb.12193

De Saussure N (1804) Chemical research on plant matter

Davis RE, Knappenberger PC, Michaels PJ, Novicoff WM (2003) Changing heat-related mortality in the United States. Environmental Health Perspectives, 111, 1712-1718.

Dore JE, Lukas R, Sadler DW, Church MJ, Karl DM (2009) Physical and biogeochemical modulation of ocean acidification in the central North Pacific. Proceeding of the National Academy of Sciences, Vol 106, No 30 doi: 10.1073/pnas.0906044106

Doran PT, Priscu JC, Lyons WB et al (2002) Antarctic climate cooling and terrestrial ecosystem response. Nature, doi: 10.1038/nature710

Doswell CA, Moller AR, Brooks HE (1999) Storm spotting and public awareness since the first tornado forecasts of 1948. Weather & Forecasting 14(4): 544–557

Driessen P (2014) Miracle molecule — carbon dioxide, gas of life. Committee for a Constructive Tomorrow, Washington DC

Durner GM, Douglas DC, Albeke SE, Whiteman JP, Amstrup SC, Richardson E, Wilson RR, Ben-David M (2017) Increased Arctic sea ice drift alters adult female polar bear movements and energetics. Glob Change Biol. 2017; 00:1–14. https://doi.org/10.1111/gcb.13746

Earle S (2017) Physical Geology by Steven Earle used under a CC-BY 4.0 international license. Chapter 16.1 Glacial Periods in Earth's History. In Geology/BC Open Textbook Project, https://opentextbc.ca/geology/chapter/16-1-glacial-periods-in-earths-history.

EPA (2016a) Palmer United States drought-severity index data. https://www.epa.gov/climate-indicators/climate-change-indicators-drought, accessed 2017 May 2

EPA (2016b) U.S. Annual Heat Wave Index 1895 – 2015, https://www.epa.gov/climate-indicators/climate-change-indicators-high-and-low-temperatures

Fagan B (2000) The Little Ice Age—How Climate Made History 1300 – 1850, Basic Books, NY, NY

Fall S, Watts A, Nielsen Gammon J, Jones E, Niyogi D, Christy JR, Pielke RA Sr (2011) Analysis of the impacts of station exposure on the US Historical Climatology Network temperatures and temperature trends, J. Geophys. Res., 116, D14120, doi:10.1029/2010JD015146

Feely RA, Doney SC, and Cooley SR (2009) Ocean acidification: Present conditions and future changes in a high-CO2 world. Oceanography 22: 36–47.

Feely RA, Sabine CL, and Fabry VJ (2006) CARBON DIOXIDE AND OUR OCEAN LEGACY, NOAA Pacific Marine Environmental Laboratory http://www.pmel.noaa.gov/pubs/PDF/feel2899/feel2899.pdf

Fischer EM, Seneviratne SI, Lüthi D, et al (2007a) Contribution of land-atmosphere coupling to recent European summer heatwaves. Geophys Res Lett 34

Fischer EM, Seneviratne, Vidale PL et al (2007b) Soil moisture-atmosphere interactions during the 2003 European summer heatwave, J Clim 30(12)

Flannigan MD, Bereron Y, Engelmark O, Wotton BM (1998) Future wildfire in circum-boreal forest in relation to global warming, Journal of Vegetation Science 9, pp 469–476

Gasparrini A, Guo Y, Hashizume M, Lavigne E, Zanobetti A, Schwartz J, Tobias A, Tong S, Rocklöv J, Forsberg B, Leone M, De Sario M, Bell

ML, Guo Y, Wu C, Kan H, Yi S, de Sousa M, Stagliorio Z, Hilario P, Saldiva N, Honda Y, Kim H, Armstrong B (2015) Mortality risk attributable to high and low ambient temperature: a multicountry observational study, The Lancet, Vol 386 July 25, 2015

Goklany IM (2009) Deaths and death rates from extreme weather events, 1900 – 2008. J Am Phys Surg 14(4):102–109

Gosselin AP (2013) Atmospheric $CO_2$ concentrations at 400 ppm are still dangerously low for life on Earth, http://notrickszone.com/2013/05/17/ atmospheric-co2-concentrations-at-400-ppm-are-still-dangerously-low-for-life-on-earth/#sthash.qUYeTcPh.dpuf

Grinsted A, Moore JC, Jevrejeva S (2009), Reconstructing sea level from paleo and projected temperatures 200 to 2100AD. Clim. Dyn.

Grove JM (2001) The Initiation of the Little Ice Age in Regions around the North Atlantic. Climatic Change 48 pp 53–82

HadCRUT4 (2017) The Hadley Climate Research Unit (HadCRUT4) annual global mean surface temperature dataset, http://www.metoffice.gov.uk/hadobs/hadcrut4/data/current/download.html

Halevy I, Bachan A (2017) The geologic history of seawater pH. Science 355, 1069–1071 (2017) 10 March 2017

Hao Z, AghaKouchak A, Nakhjiri N et al (2014) Global integrated drought monitoring and prediction system. Sci Data 1, doi:10.1038/sdata.2014.1

Holgate SJ (2007) On the decadal rates of sea level change during the twentieth century. Geophys Res Lett 34:L01602, doi:10.1029/2006GL028492

Holland G, and Webster P (2007) Heightened tropical cyclone activity in the North Atlantic: natural variability or climate trend? Phil Trans R Soc A doi:10.1098/rsta.2007.2083

Hoskins E (2014) The diminishing influence of increasing carbon dioxide on temperature. https://wattsupwiththat.com/2014/08/10/the-diminishing-influence-of-increasing-carbon-dioxide-on-temperature

Houghton JT, Ding Y, Griggs DJ, Noguer M, van der Linden PJ, Dai X, Maskell K, and IPCC (2007) Climate Change 2007: Contribution of Working Group I to the Fourth Assessment Report of the Intergovernmental Panel on Climate Change. IPCC, Geneva, Switzerland, p 115IPCC, 2001: Climate Change 2001: The Scientific Basis. Contribution of Working Group I to the Third Assessment Report of the Intergovernmental Panel on Climate Change

Houston JR, Dean RG (2011) Sea-level acceleration based on U.S. tide gauges and extensions of previous global gauge analyses. J Coast Res 27(3): 409–417

Idso CD (2013) The positive externalities of carbon dioxide. http://www.co2science.org/education/reports/co2benefits/MonetaryBenefit-sofRisingCO2onGlobalFoodProduction.pdf

Idso CD, Idso SB, Carter RM et al [Eds] (2014) Climate change reconsidered II: biological impacts. Heartland Institute, Chicago, USA

Illinois, University of (2017) Cryosphere Today southern hemisphere sea-ice anomaly, 1979 – 2017. http://arctic.atmos.uiuc.edu/cryosphere/, accessed April 2017,

IPCC 1990 Climate Change The IPCC Scientific Assessment. Houghton, JT, Jenkins GJ, Ephraums JJ. Cambridge University Press, New York, Port Chester, Melbourne, Sydney, 365pp

IPCC (2001): Climate Change 2001: The Scientific Basis. Contribution of Working Group I to the Third Assessment Report of the Intergovernmental Panel on Climate Change [Houghton, J.T.,Y. Ding, D.J. Griggs, M. Noguer, P.J. van der Linden, X. Dai, K. Maskell, and C.A. Johnson (eds.)]. Cambridge University Press, Cambridge, United Kingdom and New York, NY, USA, 881pp.

IPCC (2007) Climate Change 2007: The Physical Science Basis. Contribution of Working Group I to the Fourth Assessment Report of the Intergovernmental Panel on Climate Change. Solomon S, Qin D, Manning M, Chen Z, Marquis M, Avery KB, Tignor M, Miller HL (eds.)]. Cambridge University Press, Cambridge, United Kingdom and New York, NY, USA, 996 pp.

IPCC (2013) Climate change 2013: The Physical Science Basis. Contribution of Working Group I to the Fifth Assessment Report of the Intergovernmental Panel on Climate Change [Stocker TF, Qin D, Plattner GK et al (eds)]. Cambridge University Press, Cambridge, United Kingdom & New York, NY, USA, 1535 pp.

Japan Meteorological Agency, Acidification in the Pacific, Otemachi, Chiyoda-ku, Tokyo 100–8122, Japan http://www.data.jma.go.jp/kaiyou/english/oa_pacific/oceanacidification_pacific_en.html

Jefferson T (1801) Notes on the State of Virginia. https://stevengoddard.wordpress.com/2011/02/22/1801-thomas-jefferson-notes-dramatic-climate-change-in-virginia/

Jevrejeva S, Moore JC, Grinsted A, Woodworth PL (2008) Recent global sea level acceleration started over 200 years ago? Geophys. Res. Lett., 35, L08715, doi:10.1029/2008GL033611

Jordan WC (1996) The Great Famine, Princeton, Princeton University Press, 20

Jouzel J, et al. (2007a) EPICA Dome C Ice Core 800K Yr Deuterium Data and Temperature Estimates. IGBP PAGES/World Data Center for Paleoclimatology Data Contribution Series # 2007-091. NOAA/NCDC Paleoclimatology Program, Boulder CO, USA.

Jouzel J et al. (2007b) Orbital and Millennial Antarctic Climate Variability over the Past 800,000 Years. Science, Vol. 317, No. 5839, pp.793–797, 10 August 2007.

Kalkstein LS, Greene S, Mills, DM, Samenow J (2011) An evaluation of the progress in reducing heat-related human mortality in major U.S. cities. Natural Hazards, 56, 113-129.

Kang N, & Elsner JB (2015) Trade-off between intensity and frequency of global tropical cyclones, Nature Climate Change, Letters

Keigwin LD (1996) The Little Ice Age and Medieval Warm Period in the Sargasso Sea *Science* 274, No. 5292, 1504–1508. ftp://ftp.ncdc.noaa.gov/pub/data/paleo/contributions_by_author/keigwin1996/

Kossin JP, Knapp KR, Vimont DJ, Harper BA (2007) Geophysical Research Letters volume 34 pages L04815 DOI : 10.1029/2006GL028836 http://nca2014.globalchange.gov/search/node?search_api_views_fulltext=hurricane%20pdi

Landsea C (2007) Counting Atlantic tropical cyclones back to 1900, EOS Volume 88, Issue 18, pp 197–202

Landsea C (2011) Hurricanes and Global Warming. Opinion piece on NOAA website: http://www.aoml.noaa.gov/hrd/Landsea/gw_hurricanes/

Le Quéré C, Andres RJ, Boden T et al (2012) The global carbon budget 1959–2011. Earth System Science Data Discussions 5(2):1107–1157, doi: 10.5194/essdd-5-1107-2012

Legates DR, Soon W, Briggs WM (2013) Learning and Teaching Climate Science: The perils of consensus knowledge using agnotology. Sci Edu 22:2007–2017, doi:10.1007/s11191-013-9588-3

Legates DR, Soon W, Briggs WM et al (2015) Climate consensus and 'misinformation': a rejoinder to 'Agnotology, scientific consensus, and the teaching and learning of climate change. Sci Edu 24:299–318, doi: 10.1007/s11191-013-9647-9

Lisiecki LE, Raymo ME (2005) A Pliocene-Pleistocene stack of 57 globally distributed Benthic δ18 records. Paleoceanography, vol. 20, pa1003, doi:10.1029/2004PA001071

Liu Y, Liu W, Peng Z, Xiao Y, Wei G, Sun W, He J, Liu G, Chou C (2009) Instability of seawater pH in the South China Sea during the mid-late Holocene: Evidence from boron isotopic composition of corals, Geochimica et Cosmochimica Acta 73 (2009) 1264–1272

Loehle C, McCulloch JH (2008a) A 2000-Year Global Temperature Reconstruction Based On Non-Tree Ring Proxies. Energy & Environment, Vol 18, No 7&8

Loehle C, McCulloch JH (2008b) Correction to: A 2000-Year Global Temperature Reconstruction Based On Non-Tree Ring Proxies. Energy & Environment, Vol 19, No 1

Lomborg B (2016) Impact of current climate proposals. Glob Policy 7:109–118. doi:10.1111/1758-5899.12295

Luthi D, Le Floch M, Bereiter B, Blunier T, Barnola JM, Siegenthaler U, Raynaud D, Jouzel J, Fischer H, Kawamura K, Stocker TF (2008) High-resolution carbon dioxide concentration record 650,000 – 800,000 years before present. Nature, Vol. 453, pp. 379–382, 15 May 2008. doi:10.1038/nature06949

Madhu M, Hatfield JL (2015) Elevated carbon dioxide and soil moisture on early growth response of soybean. Agric Sci 6(2)

MAGICC – Model for the Assessment of Greenhouse Gas – Induced Climate Change, https://www.cato.org/carbon-tax-temperature-savings-calculator

Maibach E, Perkins D, Francis Z et al (2016) A 2016 national survey of American Meteorological Society member views on climate change: initial findings. Center for Climate Communication, George Mason University, Fairfax, VA, USA

Mann ME, Bradley RS, Hughes MK (1998) Global-scale temperature patterns and climate forcing over the past six centuries NATURE Vol 392

Mann ME, Bradley RS, Hughes MK (1999) Northern Hemisphere Temperatures during the Past Millenium: Inferences, Uncertainties, and Limitations. Geophysical Research Letters, Vol. 26, No. 6, pp 759–762

Mann ME, Jones PD (2003), Global surface temperatures over the past two millennia, Geophys. Res. Lett., 30, 1820, doi: 10.1029/2003GL017814, 15.

Marland G, Boden TA, Andres RJ (2008) Global, regional and national fossil fuel CO2 emissions. In: Trends—a compendium of data on global change. CDIAC, Oak Ridge Nat Lab, U.S. Dept of Energy, Oak Ridge, TN, U.S.A.

Maue R (2016) Atlantic Basin Power Dissipation Index from HURDAT2, after Michaels

Maue R (2017) Global Tropical Cyclone Activity Weather Bell Models http://models.weatherbell.com/tropical.php

McAdie CJ, Landsea CW, Neumann CJ, David JE, and Blake ES (2009) Tropical Cyclones of the North Atlantic Ocean, 1851 – 2006 NOAA National Hurricane Center, National Climatic Data Center, Asheville, NC

Melillo JM, Richmond TC, Yohe GW, Eds (2014) Climate Change Impacts in the United States: The Third National Climate Assessment. U.S. Global Change Research Program, 841 pp. doi:10.7930/J0Z31WJ2.

Met Office Hadley Centre observations datasets, accessed March, 2017 http://www.metoffice.gov.uk/hadobs/hadcrut4/data/current/download.html

Michaels P, Balling RC, Hutzler MJ, Davis RE, Knappenberger PC, Idso CD (2012) Addendum: Global Climate Change Impacts in the United States, Center For The Study Of Science Cato Institute

Michaels P., Knappenberger PC (2015) Lukewarming The new climate science that changes everything. CATO Institute, 1000 Massachusetts Avenue, NW, Washington, DC 20001

Moore TG (1996) Warmer is Richer, Hoover Institution Stanford University https://web.stanford.edu/~moore/HistoryEcon.html

Moore P (2016) The dangerous 150-million-year decline in CO2. Frontier Inst, Toronto, Canada.

Morice CP, Kennedy JJ, Rayner NA, Jones PD (2012) Quantifying uncertainties in global and regional temperature change using an ensemble of observational estimates: The HadCRUT4 dataset, J.

Geophysical. Res., 117, D08101, doi: 10.1029/2011JD017187.

Mörner N-A (2011) Setting the frames of expected future sea level changes by exploring past geological sea level records. Chapter 6 of book, D Easterbrook, Evidence-Based Climate Science, 2011 Elsevier B.V. ISBN: 978-0-12-385956-3

Myers, N (2005) Environmental refugees, an emergent security issue', 13. Economic forum, Prague, OSCE, May 2005, Millennium Ecosystem Assessment, 2005

Narisma GT, Foley JA, Licker R et al (2007) Abrupt changes in rainfall during the 20th century. Geophys Res Lett 34(6), doi:10.1029/2006GL028628

National Integrated Drought Information System, US Drought Portal https://www.drought.gov/drought/

NIFC (2017) National Interagency Fire Center - Total Wildland Fires and Acres (1960 – 2015), https://www.nifc.gov/fireInfo/fireInfo_stats_totalFires.html, accessed 04/2017

National Weather Service, snowfall history Pittsburgh, PA https://www.weather.gov/media/pbz/records/hissnow.pdf

NOAA Technical Memorandum NWS NHC-6, USGCRP National Climate Assessment (2014) Adapted from Kossin et al (2007)

NOAA (2016) NWS Storm Prediction Center. US Annual Trends of Local Storm Reports Tornadoes http://www.spc.noaa.gov/wcm/2016/torngraph-big.png

NOAA (2017a) U.S. percentage areas very wet/very dry. https://www.ncdc.noaa.gov/temp-and-precip/uspa/wet-dry/10, accessed 2017 May 2

NOAA (2017a) National Center for Environment—US Tornado Climatology. Regions of the World with Increased Likelihood of Experiencing Tornadoes, https://www.ncdc.noaa.gov/climate-information/extreme-events/us-tornado-climatology

NOAA (2017b) NOAA NCEI Historical Records and Trends, https://www.ncdc.noaa.gov/climate-information/extreme-events/us-tornado-climatology/trends

NOAA (2017c) NOAA National Weather Service Enhanced Fujita Scale, https://www.weather.gov/oun/tornadodata-okc-appendix

NOAA PMEL (2017) Hawaii Carbon Dioxide Time-Series. https://www.pmel.noaa.gov/co2/file/Hawaii+Carbon+Dioxide+Time-Series

Noon (2016) What if Obama's climate change policies are based on pHraud? CFact post http://www.cfact.org/2014/12/22/what-if-obamas-climate-change-policies-are-based-on-phraud/#sthash.XQXdXjvE.dpuf

Oerlemans J (2005) Extracting a Climate Signal from 169 Glacier Records. *Science* 29 Apr 2005: Vol. 308, Issue 5722, pp. 675–677 DOI: 10.1126/science.1107046

Oregon Petition (2008) http://petitionproject.com

Oreskes, N (2004) The scientific consensus on climate change. Science 306, 1686

Overdieck D, Reid C, Strain BR (1988) The effects of pre-industrial and future CO2 concentrations on growth, dry matter production and the carbon-nitrogen relationship in plants at low nutrient supply: *Vigna unguiculata* (Cowpea), *Abelmoschus esculentus* (Orka) and *Raphinus sativus* (Radish). Angewandte Botanik 62:119–134.

Owen J, (2009) Sahara Desert Greening Due to Climate Change? National Geographic News, July 2009

Parker DE, Legg TP, Folland CK (1992) A new daily Central England Temperature Series, 1772 – 1991. Int. J. Clim., Vol 12, pp 317–342, www.metoffice.gov.uk/hadobs.

Pelejero C, Calvo E, McCulloch MT, Marshall JF, Gagan MK, Lough JM, Opdyke BN (2005), Preindustrial to Modern Interdecadal Variability in Coral Reef pH, Science 309, 2204, 2005

PSMSL (2008) Permanent Service for Mean Sea Level. Recent global sea level acceleration started over 200 years ago? http://www.psmsl.org/products-/reconstructions/gslGRL2008.txt

Rohde R (2017) Global Warming Art

Robinson GD and Robinson GD (2012) Global Warming—Alarmists, Skeptics, and Deniers. Moonshine Publishing, Abbeville, SC

Rode KD (2013) Spatial and temporal variation in polar bear responses to sea ice loss: Powerpoint presentation to Alaska Sea Grant Conference, College of Fisheries and Ocean Sciences University of Alaska Fairbanks

Rode KD, Regehr EV, Douglas D et al (2014) Variation in the response of an Arctic top predator experiencing habitat loss: feeding and reproductive ecology of two polar bear populations. Global Change

Biology 20:76–88, doi:10.1111/gcb.12339

Rojo-Garibaldi B, Salas-d-Leon DA, Sánchez NL, Monreal-Gómez MA (2016) Hurricanes in the Gulf of Mexico and the Caribbean Sea and their relationship with sunspots Journal of Atmospheric and Solar-Terrestrial Physics 148 · October 2016 DOI: 10.1016/j.jastp.2016.08.007

Ross T and Lott N (2003) A Climatology of 1980 – 2003 Extreme Weather and Climate Events, NOAA, National Climatic Data Center Technical Report No. 2003-1

Rutgers University Global Snow Lab http://climate.rutgers.edu/snowcover

Schott T, Landsea C, Hafele G, Lorens G, Taylor A, Thurm H, Ward B, Willis M, and Zaleski W (2012) Saffir-Simpson Hurricane Wind Scale, NOAA National Hurricane Center

Schulte K-M (2008) Scientific consensus on climate change? Energy Environ 19(2).

Scotese CR (2002) Analysis of the temperature oscillations in geological eras. Paleomap Project http://www.scotese.com/climate.htm

Seaquist JW, Hickler T, Eklundh L, Ardö J, and Heumann, (2009) Disentangling the effects of climate and people on Sahel vegetation dynamics, Biogeosciences, 6, 469–477, doi:10.5194/bg-6-469-2009, 2009.

Segelastad T (2008) Carbon Isotope Mass Balance Modelling of Atmospheric vs. Oceanic CO2. 33rd International Geological Congress (Session TC), Oslo, Norway 6 – 14 August 2008

Spencer R (2017) UAH Satellite-Based Temperature of the Global Lower Atmosphere (Version 6.0), http://www.drroyspencer.com/latest-global-temperatures/

Springmann M, Mason-D'Croz D, Robinson S, Garnett T, Godfray HC, Gollin D, Rayner M, Ballon P, Scarborough P (2016) Global and regional health effects of future food production under climate change: a modelling study. Lancet 2016, May 7, 387:1937–46, doi: 10.1016/S0140-6736(15)01156-3

Stein M (2015) A Disgrace to the Profession. Stockade Books, Woodsville, NH

Swann AL, Swann S, Hoffman FM et al (2016) Plant responses to increasing CO2 reduce estimates of climate impacts on drought severity. PNAS113(36):10019-10024

Tans P, Keeling R, (2017) Trends in Atmospheric Carbon Dioxide. Earth System Research Laboratory (ESRL), Global Monitoring Division, NOAA https://www.esrl.noaa.gov/gmd/ccgg/trends/data.html

Tol R (2015) Global warming consensus claim does not stand up. The Australian, (author's cut) http://richardtol.blogspot.com/2015/03/now-almost-two-years-old-john-cooks-97.html

UAH Global Temperature Update (2017) National Space Science and Technology Center (NSSTC) The University of Alabama in Huntsville http://www.nsstc.uah.edu/data/msu/v6.0/tlt/uahncdc_lt_6.0.txt

U. K. Office for National Statistics (2017) Excess winter mortality in England and Wales: 2015/16 (provisional) and 2014/15 (final) https://www.ons.gov.uk/peoplepopulationandcommunity/birthsdeathsandmarriages/deaths/bulletins/excesswintermortalityinenglandandwales/2015to2016provisionaland2014to2015final

United Nations Environment Programme (2005) Environmental refugees, An emergent security issue, 13. Econom. Original map has been removed from website, archived document available here: https://wattsupwiththat.files.wordpress.com/2011/04/un_50million_11kap9climat.png

UNFAO (2012) United Nations Food and Agriculture Organization: World grain production 1961-2012. Food Outlook, May 2012, p. 1

UNFAO (2017) United Nations Food and Agriculture Organization: http://www.fao.org/faostat/en/#compare

University of Missouri Corn Extension, accessed May 2017. https://plantsciences.missouri.edu/grains/corn/facts.htm

USDA (2017) World Agricultural Outlook Board, World agricultural supply and demand estimates updated to February.

US Global Change Research Program (2009) Global climate change impacts in the United States. Cambridge University Press, Cambridge

US National Weather Service (2017) The Atmosphere. NOAA http://www.srh.noaa.gov/jetstream/atmos/atmos_intro.html

USEIA (2017) Frequently asked questions: How much CO2 is produced when different fuels are burned? US Energy Information Administration Accessed 5/20/17 at https://www.eia.gov/tools/faqs/faq.php?id=73&t=11

Vardoulakis S, Dear K, Hajat S, Heaviside C, Eggen B, McMichael AJ (2014)

Comparative Assessment of the Effects of Climate Change on Heat- and Cold-Related Mortality in the United Kingdom and Australia, Environmental Health Perspectives, volume 122, number 12

Waelbroeck C, Labeyrie L, Michel E, Duplessy JC, McManus J, Lambeck K, Balbon E, and Labracherie M (2002) Sea-level and deep water temperature changes derived from benthic foraminifera isotopic records. Quaternary Science Reviews, Vol. 21, pp. 295-305.

Watson, P.J., 2011. Is There Evidence Yet of Acceleration in Mean Sea Level Rise around Mainland Australia? *Journal of Coastal Research*, 27(2), 368-377.

Will G (2009) The Truth About Global Warming. Newsweek 11/6/2009, http://www.newsweek.com/george-will-truth-about-global-warming-76899

Yang, J, Tian H, Tao B, Ren W, Kush J, Liu Y, and Wang Y (2014) Spatial and temporal patterns of global burned area in response to anthropogenic and environmental factors: Reconstructing global fire history for the 20th and early 21st centuries, J Geophys Res Biogeosci, 119, 249 263, doi:10.1002/2013JG002532.

York J, Dowsley M, Cornwell A et al (2016) Demographic and traditional knowledge perspectives on the current status of Canadian polar bear subpopulations, Ecol Evol, 6:2897–2924,p doi:10.1002/ece3.2030

Zachos J, Pagani M, Sloan L, Thomas E, Billups K (2001) Trends, Rhythms, and Aberrations in Global Climate 65 Ma to Present. Science 27 Apr 2001: Vol. 292, Issue 5517, pp. 686-693 DOI: 10.1126/science.1059412

Zachos JC, Ro U, Schellenberg SA, Sluijs A, Hodell DA Kelly DC, Thomas E, Nicolo M, Raffi I, Lourens LJ, McCarren H, Kroon D (2005) Rapid Acidification of the Ocean During the Paleocene-Eocene Thermal Maximum, Science, Vol 308 pp 1611-1615

Zhu Z, et al. (2016) Greening of the Earth and its drivers, Nature Climate Change 6, 791–795

# 불편한 사실

## 앨 고어가 몰랐던 지구의 기후과학

**초판 1쇄 발행일** 2021년 4월 22일
**초판 2쇄** 2021년 6월 28일

**지은이** 그레고리 라이트스톤
**옮긴이** 박석순
**펴낸이** 박영희
**편집** 박은지
**디자인** 최소영
**마케팅** 김유미
**인쇄·제본** AP 프린팅
**펴낸곳** 도서출판 어문학사
　　　서울특별시 도봉구 해등로 357 나너울카운티 1층
　　　대표전화: 02-998-0094/편집부1: 02-998-2267, 편집부2: 02-998-2269
　　　홈페이지: www.amhbook.com
　　　트위터: @with_amhbook
　　　페이스북: www.facebook.com/amhbook
　　　블로그: 네이버 http://blog.naver.com/amhbook
　　　　　　　다음 http://blog.daum.net/amhbook
　　　e-mail: am@amhbook.com
　　　등록: 2004년 7월 26일 제2009-2호.

**ISBN** 978-89-6184-997-5 (03450)
**정가** 18,000원